ÉRIC-EMMANUEL SCHMITT
OU
LES IDENTITÉS BOULEVERSÉES

DU MÊME AUTEUR

Découverte et justification en science, Paris, Klincksieck, 1979.

Logique, langage et argumentation, Paris, Hachette, 1982 ; rééd., 1985.

Science et métaphysique chez Kant, Paris, PUF, coll. « Philosophie d'aujourd'hui », 1988 ; rééd., coll. « Quadrige », 1995.

Le Philosophe et les passions. Esquisse d'une histoire de la nature humaine, Paris, LGF, coll. « Le Livre de Poche, Biblio-Essais », 1991.

Langage et littérature, Paris, PUF, coll. l'« Interrogation philosophique », 1992 ; rééd. coll. « Quadrige », 2001.

Questions de rhétorique, Paris, LGF, coll. « Le Livre de Poche, Biblio-Essais », 1993.

De la problématologie : langage, science et philosophie, Paris, LGF, coll. « Le Livre de Poche, Biblio-Essais », 1994.

Rhetoric, Language and Reason, Pittsburgh, Pennsylvania State Press, 1994.

De l'insolence : essai sur la morale et le politique, Paris, Grasset, 1995 ; Paris, LGF, coll. « Le Livre de Poche, Biblio-Essais », 1998.

Qu'est-ce que la philosophie ?, Paris, LGF, coll. « Le Livre de Poche, Biblio-Essais », 1997.

Les passions ne sont plus ce qu'elles étaient, Bruxelles, Labor, 1998.

Histoire de la rhétorique des Grecs à nos jours (en collaboration), Paris, LGF, coll. « Le Livre de Poche, Biblio-Essais », 1999.

Pour une histoire de l'ontologie, Paris, PUF, coll. « Quadrige », 1999.

Petite métaphysique de la différence, Paris, LGF, coll. « Le Livre de Poche, Biblio-Essais », 2000.

Questionnement et historicité, Paris, PUF, coll. l'«Interrogation philosophique », 2000.

Le Comique et le tragique. Penser le théâtre et son histoire, Paris, PUF, 2003.

La Rhétorique, Paris, PUF, coll. « Que Sais-je ? », 2004.

Michel Meyer

ÉRIC-EMMANUEL SCHMITT
ou
LES IDENTITÉS BOULEVERSÉES

Albin Michel

Les raisons d'un succès

En quelques années, Éric-Emmanuel Schmitt s'est imposé comme l'un des plus grands dramaturges contemporains et un romancier de tout premier plan. À chaque livre, il séduit plusieurs centaines de milliers de lecteurs, à croire que le génie est devenu à la mode. Qui n'a pas pleuré en accompagnant Oscar dans les derniers jours de sa vie ? Atteint d'un cancer terminal, cet enfant de dix ans va retrouver un peu de bonheur grâce à une mamie qui sait trouver les mots justes, sans donner de fausses illusions. Qui n'éprouverait pas une immense tendresse pour ce vieil épicier arabe qui recueille un petit enfant juif que ses parents ont abandonné ? Le succès de Schmitt tient à sa profonde humanité. Derrière les différences entre les hommes, les religions qui s'excluent, la mort qui sépare, la maladie ou la vieillesse qui détruit, il y a un amour des autres que rien ne saurait ébrécher. Schmitt est un écrivain de l'espérance dans un monde désespéré. Mais quel est son secret ?

D'abord, son style : épuré, précis, tout est dit en quelques mots, d'où le privilège accordé à la forme théâtrale. Son écriture est classique jusqu'à la concision, cinglante sans négliger la profondeur. Il agence les mots et les phrases en épousant l'évidence du monde, avant qu'une faille ne se glisse, imperceptiblement. Une rencontre, une situation, un renversement soudain dans les rôles, et voilà que ce qui était évident cesse subitement de l'être... avec la même évidence. Pour réussir un tel tour de force, il faut plus que du style, il faut une réelle imagination. Ainsi, qui s'est demandé ce qu'il adviendrait de Faust, une fois son âme vendue au Diable ? Autre exemple : qui s'est jamais inquiété de savoir pourquoi ce ne seraient pas les femmes, victimes de Don Juan, qui se vengeraient de lui, plutôt qu'une improbable statue de pierre, symbole morbide du père offensé ? Qui a jamais imaginé que ce pût être Hamlet qui était coupable, et non sa mère ou son oncle, parce qu'obsédé par l'argent et la réussite matérielle, celle qui engloutit ceux qui ne pensent qu'à elle et négligent l'humain ? Qui a jamais pensé que le coma était comme un « hôtel des deux mondes », où l'on transite en oscillant entre la vie et la mort et où, on ne sait trop comment, on finit par vaciller dans l'une ou dans l'autre ? Orphée ne pourrait-il alors sauver Eurydice ? Qui aurait imaginé de mettre en scène un Freud, assailli par la Gestapo, et à qui Dieu vient rendre visite sous la forme étrange d'un inconnu, Dieu auquel on s'accroche quand tout va mal, alors même que l'on sait pertinemment bien qu'il est trop loin des hommes pour empêcher le mal qu'ils se font ?

Un style étincelant – on croirait que Diderot a trouvé en Schmitt un fils naturel –, un art des répliques et du rebondissement qui fait le ressort de son œuvre dramatique, servent à « revisiter » les grands mythes de l'Occident : Faust et le Diable, Don Juan, Orphée et Eurydice, Hamlet, mais aussi les grandes religions , comme le bouddhisme et le christianisme. À travers ces clins d'œil, on sent bien que ce sont les grandes questions de l'existence qui hantent Éric-Emmanuel Schmitt : le mal et le bien, la tolérance, la justice, le pouvoir, la maladie, la mort, l'argent, le mariage et l'amour, le sens de l'existence, Dieu, la morale.

Son théâtre se renouvelle sans cesse, agité par d'incessantes questions qui font que chaque pièce est différente des autres. Cela tranche avec le théâtre de notre époque. Quand on se penche tant soit peu sur quelques grands noms du théâtre contemporain, on est frappé par la répétitivité des thèmes abordés : Edward Bond nous plonge pièce après pièce dans la cruauté et le crime du siècle passé ; Sarah Kane, dans les maladies mortelles et le sordide d'êtres déchus qui expriment le mal-être de notre société ; et Thomas Bernhard, dans des successions – lentes, trop lentes – de tableaux discontinus, destinés à traduire un univers englué dans les conventions germaniques les plus étouffantes. Tous ces auteurs disent et redisent à peu près la même chose. Leur monde est un univers sans issue. Éric-Emmanuel Schmitt, lui, refuse la désespérance du XXe siècle pour inscrire son théâtre dans le XXIe, en reprenant un par un les problèmes les plus profonds que l'homme se pose. Il montre comment les hommes les affrontent malgré le désespoir des situations qu'ils subissent. Et chaque fois il sauve l'homme, même s'il ne les sauve pas tous. Chaque pièce, chaque roman, est une confrontation avec un problème nouveau : tout cela pour montrer qu'au creux du plus grand des malheurs, il y a encore la lueur du Bien, celle qui permet à l'homme de vivre et d'entrevoir de l'espérance. Son théâtre, ses romans, se terminent bien, même quand la fin est triste : tout n'est pas perdu, même quand tout semble l'être.

Pourtant, derrière cette grande diversité de thèmes, l'œuvre de Schmitt présente une unité sous-jacente indéniable. Risquerais-je une hypo-

thèse ? Je pense que son théâtre, mais aussi ses romans, sont animés par une idée-force, issue probablement des traumatismes subis par l'Europe au XXe siècle. Quelle est cette question ? Sans doute celle-ci : le Bien est-il encore possible ? Comment faire la différence entre le Bien et le Mal, si Dieu n'est pas ? Réponse : Dieu n'a pas besoin d'être pour que l'on aime les autres. Le Bien n'est peut-être rien d'autre que cela, et si ce n'est finalement pas grand-chose, ce n'est déjà pas mal. Savoir s'il vaut mieux défendre le catholicisme ou le judaïsme, être bouddhiste plutôt que musulman, n'a aucun sens, car ce qui compte est plutôt ce qui permet de vivre ensemble, dans le respect. Le Bien se cache au creux de cette universalité de la condition humaine et dans la volonté d'agir en conséquence. Le reste est finalement peu pertinent. La maladie, la mort, la détresse, ou l'amour et la joie dépassent tous les clivages et marquent les hommes, tous les hommes, quelles que soient leurs différences. Mais Schmitt va plus loin, et en cela, il est un auteur profondément philosophe : pour lui, il faut accepter l'idée que les grands problèmes de l'existence, ceux que nous nous posons tous, n'ont en réalité pas de solution, mais seulement des réponses. Elles valent ce qu'elles valent, mais elles nous permettent de vivre, même si ce sont des certitudes qui n'en sont pas, ce que la vie nous fera découvrir tôt ou tard. Il faut donc accepter l'idée que la mort fait question, que Dieu (ou le Diable) fait question, que l'amour est lui aussi un mystère. Il faut vivre avec ces questions, avec le questionnement inlassable qui nous affecte, sans forcément cultiver les mêmes réponses. Car le monde est devenu problématique et toute réponse, même la plus évidente, finit par éclater pour ce qu'elle est : l'énigme de notre être, des choses, des autres, le mystère profond qui s'y joue en creux.

Ainsi, par delà la mode qui l'a rendu si populaire, Schmitt nous renvoie aux questions essentielles. Voilà pourquoi son théâtre ne saurait se laisser réduire à un effet de mode. Le succès peut voiler la profondeur. Ce ne serait pas le premier dramaturge dans l'Histoire à être dans le cas : Shakespeare et Molière ont rencontré un public large qui a fait leur renommée. D'une manière générale, il faut prendre garde à ne pas identifier tout succès important au fait qu'on aurait affaire à de l'art de masse, comme pour dévaloriser l'un par l'autre. Ce qui caractérise ce dernier est aujourd'hui bien connu : la culture de masse est répétitive, les mêmes thèmes prolifèrent à l'identique jusqu'à satiété, et quoi qu'on en pense, cet état de choses n'est pas propre à notre époque seulement. Pensons aux innom-

brables icônes byzantines, avec un Jésus majestueux qui domine le centre de la scène et éclipse les autres personnages pour symboliser la royauté ; pensons aux ritournelles des chansons actuelles où quelques notes se conjuguent indéfiniment en refrains limités ; pensons aux pantalonnades à peine risibles des nombreuses pièces de la Commedia dell'Arte. Bref, l'art de masse traite en général d'une seule problématique par « œuvre », que l'on reproduit indéfiniment dans d'autres œuvres, avec le moins possible d'innovations. C'est ce côté répétitif qui finit par rendre familière cette forme d'art et le rend populaire, comme un tissu de réponses inébranlables. Le déroulement de la passion, sa mise en scène, en est le seul « suspense ». Cet art est donc toujours daté, car il se borne à répéter l'une ou l'autre passion élémentaire d'une époque, qu'il donne à voir pour l'éveiller et susciter l'intérêt d'un grand nombre. Rien de tel chez Schmitt. Les problématiques s'enchevêtrent, les niveaux de lecture se superposent comme dans un feuilleté, les œuvres se répondent l'une l'autre, et l'originalité se marque par le côté surprenant des situations qui sont évoquées et la problématicité incontournable du destin de chacun.

Ce qu'il y a de nouveau surtout dans son théâtre, ce n'est pas tant que l'on ait affaire à des personnages qui illustreraient à eux seuls des caractères exemplaires, des passions extrêmes ou des motivations irrésistibles, auxquelles on a associé des noms comme ceux de Tartuffe pour l'hypocrisie, d'Harpagon pour l'avarice, de Phèdre pour l'amour interdit, du Roi Lear pour la folle vanité, de Macbeth pour la passion criminelle du pouvoir ou de Hamlet pour l'indécision, car on ne trouve pas de tels personnages singuliers (et excessifs) dans son œuvre. Ses personnages se dessinent plutôt sur fond de réponses acquises, de certitudes que rien ne semble pouvoir remettre en question, avant que ces réponses ne s'inversent et que les personnages finissent par incarner des problèmes, nos problèmes. Ainsi, les individus hors du commun, comme Freud, Don Juan ou Diderot, que Schmitt fait revivre pour nous, réintègrent l'humanité par leur proximité. Ce qui les rend si différents passe au second plan par rapport à cette identité partagée. On les voit traversés eux aussi par les grandes questions. Cette énigmaticité rend son théâtre irréductible à ce qui l'a précédé, en même temps qu'elle nous le rend si proche.

LE CYCLE DU VISIBLE :

l'homme aux prises avec l'Histoire

Don Juan
ou l'épuisement d'un monde

La première œuvre de Schmitt est une pièce, et pas n'importe quelle pièce, mais un *Don Juan*. Pour un jeune auteur, cela relève de l'audace ou du suicide. Ce fut une réussite. Pourquoi ajouter encore un *Don Juan* ? N'y en a-il pas déjà une longue liste ? Celui-ci est vraiment différent des autres. Quelle en est l'histoire ? *La nuit de Valognes* raconte le procès de Don Juan, lors d'une nuit décisive, où d'anciennes maîtresses de tous âges décident de le condamner à épouser la plus jeune d'entre elles, qui lui promet d'être aussi volage que lui. Mais il est vieux, usé, et tout cela ne l'intéresse plus. Il consent à tout avec indifférence, ou plutôt, avec détachement. Il est déjà ailleurs, même s'il ne sait pas ce qu'il deviendra désormais. Don Juan a cessé d'être Don Juan, et il repartira libre, tel Œdipe.

Qui est Don Juan ? Un séducteur ? Certes. Un briseur de ménages ? Sans doute. L'ennemi des familles qu'il défait ? Assurément. De là à en faire un mythe, l'un des plus importants de l'Occident chrétien, comme Faust ou Orphée, il y a de quoi surprendre. Risquons une réponse banale : Don Juan est l'irrespect, l'insolence, le questionneur des valeurs les mieux établies de la société. Il se moque de la religion, il piège les crédules, il ridiculise la vanité, dont il sait d'ailleurs tirer profit, que ce soit en abusant de celle d'un créancier, comme Monsieur Dimanche chez Molière, ou de celle d'une jeune paysanne, qui n'en revient pas de plaire à un Grand d'Espagne, comme chez Tirso de Molina. Mère, sœur, épouse ou fille, toutes se détournent de leurs devoirs pour le suivre et ne plus écouter que la voix du plaisir. Quant à Don Juan, s'il s'intéresse à chacune de ces femmes, c'est parce qu'en réalité, il ne s'attache à aucune. Il est le démystificateur de leurs illusions comme de leur perfidie, mais il est aussi celui qui leur permet d'être elles-mêmes en réalisant pleinement leur différence, qui a été réprimée par le pouvoir masculin. La femme libérée est forcément une femme qui a été séduite et abandonnée. Et quand Don Juan ne séduira plus, précise Schmitt, il pourra fort bien, dans son indifférence à la différence, être attiré par un homme. Mais on n'en est pas là. Pour l'heure, Don Juan est l'infatigable coureur de jupons que l'on connaît.

Quittons maintenant les réponses usuelles à propos de Don Juan. Il est le révélateur des fausses identités, il les fait éclater et elles s'avèrent problématiques, d'où les réactions violentes des pouvoirs en place. En fait, il incarne l'Histoire : il est le signe vivant des réponses qui s'effritent, parce qu'il brise les certitudes et les valeurs les mieux ancrées. Il joue ainsi la nature et l'instinct contre la culture et la pensée constituée, fossilisée et sédimentée dans des réponses toutes faites. Il exprime ce à quoi on ne croit plus quand l'Histoire s'accélère, il s'oppose à l'ancien au nom de l'aspiration au neuf. Et pour lui, le sexe est le lieu même où se manifestent toutes les formes de différence. C'est là que le social trouve son point d'ancrage, et pour y parvenir, domestique le plaisir. L'honneur en est l'alibi, la justification : il faut tout lui sacrifier, ses plaisirs comme ses inclinations les plus profondes.

Fruit de l'accélération de l'Histoire en Occident, Don Juan en est du même coup le témoin. Chaque époque n'a-t-elle pas eu son Don Juan ? Il y a eu celui de l'Âge d'or espagnol, avec l'honneur comme métaphore de cette société féodale qui s'engage sur la voie du centralisme monarchique. Il y a, trente-cinq ans plus tard, le Don Juan de l'âge classique, avec Molière, où l'on a un Don Juan libertin et libre-penseur, voire anti-religieux. Il y a ensuite celui du Siècle des Lumières, avec Mozart : Don Juan chante sa joie de vivre, car c'est un jouisseur impénitent. Il y a bien sûr le Don Juan du romantisme, avec Lenau en Allemagne et Byron en Angleterre, qui se lamente sur l'amour introuvable dont il rêve sans cesse. Il y a celui, capital, du XXe siècle, immortalisé par Max Frisch, dans *Don Juan ou l'amour de la géométrie* (1953). Et enfin, il y a le Don Juan du XXIe siècle, celui que nous livre Éric-Emmanuel Schmitt dans *La nuit de Valognes.*

Qu'en est-il donc de Don Juan au XXe siècle ? Pour répondre à cette question, il faut se pencher sur *Don Juan et l'amour de la géométrie* de Max Frisch. Notre Don Juan s'est rendu compte que, si les femmes étaient substituables les unes aux autres, animant ainsi une quête infinie, cela provenait du fait qu'à ses yeux, elles se ressemblaient toutes, au point d'être même indifférenciables. Une femme étant pour l'essentiel identique à n'importe quelle autre, pourquoi s'arrêter à celle-ci plutôt qu'à une autre ? Il se retrouve ainsi piégé par une quête dont il découvre la vanité, comme englué, sans possibilité de s'arrêter, en raison d'une substituabilité infinie des êtres qui en sont l'objet. D'où la question : cette quête infinie, est-ce une réponse ou le problème même ? Le Don Juan de Frisch ne parvient pas à sortir de ce dilemme. Il cherche la différence, la femme unique, éprise elle-même d'identité, en un mot *la* solution, mais il ne sait pas où ni comment la trouver : une femme est toujours potentiellement, virtuellement une autre, alors même qu'elle semble distincte et unique. C'est le règne des ressemblances, des identités faibles, celles qu'on ne peut prendre au pied de la lettre sans se tromper, celles qui identifient les êtres et les choses rapidement, à l'aide de quelques traits communs, en général insuffisants pour procurer une quelconque certitude. Seules les mathématiques, c'est-à-dire à cette époque la géométrie, donnent la certitude par leurs identités fortes, parce qu'elles sont les seules à ne laisser aucun doute. D'où le titre de l'œuvre de Frisch, *Don Juan ou l'amour de la géométrie*.

Un soir, la pénombre venue, Don Juan séduit une inconnue qui va s'avérer être sa fiancée, la célèbre Anna. Tout devrait aller pour le mieux. Pas du tout, car elle l'a « choisi » comme elle aurait pris n'importe qui d'autre, puisqu'elle ignorait que son amant était son fiancé, et lui a fait de même. « Comment saurais-je qui j'aime ? Depuis que je sais tout ce qui peut arriver, même à ma fiancée ! Elle qui se gardait pour moi, pour moi seul, est comblée par le premier venu qui, par le plus grand des hasards, se trouvait être moi-même » (deuxième acte). Comme on le voit, Don Juan ne parvient pas à différencier sa quête de ce qui est censé la résoudre, faisant rebondir celle-ci dans l'incertitude de ses choix. Tout est identique à tout, et cela ne résout rien, puisque le problème de trouver la bonne réponse demeure. Ce qui change avec l'Histoire qui s'accélère est la conscience accrue des confusions possibles. Le problématique, ici la quête amoureuse, se perpétue alors que celle-ci est devenue désespérante et désespérée. Aucune femme ne peut répondre à l'aspiration de Don Juan, car toutes y répondent aussi bien. Une telle situation illustre une Histoire qui bouscule les vieilles identités, des identités qui se mélangent avec les nouvelles, elles aussi en butte au changement et à l'Histoire qui bouleverse tout sur son passage. Tout semble alors trompeur, et ce que l'on croit être une réponse n'est souvent qu'une question déguisée. Et rien n'est résolu.

Avec Éric-Emmanuel Schmitt, on quitte le XXe siècle, ses dilemmes, ses dogmes, pour le XXIe, qui se méfie des « vérités » imposées après tous les drames qu'elles ont entraînés ; mais l'Histoire s'est accélérée, les identités se sont encore affaiblies. Les différences apparaissent enfin comme telles, même si c'est pour nous problématiser au plus profond de notre être. Don Juan va devoir se rendre compte que les femmes qu'il a séduites ne peuvent plus être considérées comme indifférenciées. La quête de séduction qui l'anime, et même qui le définissait, cesse d'être pertinente. Ce problème n'est plus son problème. Séduire les femmes les unes après les autres ne peut plus être la solution à sa vie. Don Juan va ainsi renoncer à sa quête infinie, les femmes n'étant plus perçues comme indéfiniment interchangeables, identiques, substituables. Le Don Juan de Frisch était déjà devenu un don juan malgré lui à la fin, mais il recherchait encore désespérément une réponse, tandis que celui de Schmitt sait que l'existence est un questionnement. Les femmes ne sont plus son problème, c'est lui qui l'est. C'est ailleurs que Don Juan va devoir chercher les réponses, *ses* réponses. Qui est-il ? Que va-t-il devenir désormais, maintenant que l'incertitude et l'indétermination sont devenues son destin, parabole de notre société qui a perdu elle aussi ses repères d'antan et ses certitudes ? Voyons cela de plus près en entrant davantage dans la pièce.

Chacune des femmes éconduites par Don Juan a des griefs à faire valoir à son encontre et chacune est encore, en cela, identique à toutes les autres, qui ont toutes les mêmes reproches à formuler. Mais Don Juan n'est guère affecté par l'attitude de ces femmes. C'est comme si le sort qu'elles lui réservaient ne le concernait plus. Sans doute parce qu'il est déjà au-delà, conscient que son problème n'est plus de poursuivre cette quête infinie, qui ne mène plus à rien. Elles incarnent l'ancien, et lui, s'il ne représente pas le nouveau, n'en récuse pas moins la séduction, une problématique qui les titille encore, essayant toutes de se rappeler au bon souvenir de Don Juan pour encore attirer l'attention sur elles. Don Juan, en fait, est déjà ailleurs, il ne recherche plus rien auprès d'elles, leur problème n'est plus le sien. « Pourquoi vous êtes-vous mis en tête que je cherchais quelque chose ? Je ne cherche rien. [...] Alors, petite, ne me sers pas ces discours que j'ai entendu cent mille fois, ces histoires de quête, de recherche... On ne cherche que si l'on n'a pas trouvé. » (Acte II, scène 3.) La littéralité tranquille d'un monde démystifié s'établit dans la prise de conscience que les réponses se sont inversées en questions, d'où la question de ce que l'on est et de ce que l'on vient faire dans ce monde. Don Juan est devenu autre, mais qui est-il maintenant qu'il n'est plus ce qu'il était, à savoir Don Juan ? La duchesse lui demande d'ailleurs : « Depuis quand Don Juan n'est-il plus Don Juan ? » Don Juan incarne un vide, celui du problématique qui s'est installé dans ce monde prétendument plein, sûr, tissé par des réponses sur lesquelles on ne revient pas. Don Juan est le révélateur de la fracture dans l'historicité. Son identité devient une question à son tour.

Les accusatrices de Don Juan sont intéressantes à plus d'un titre : elles sont à la fois différentes par l'âge et par le titre. Cela va de la duchesse à la jeune fille, Angélique, que Don Juan sera condamné à épouser, en passant par une comtesse, une religieuse et une demoiselle. Mais elles sont toutes logées à la même enseigne. Elles clament pourtant chacune une spécificité qui doit les différencier. Don Juan est étranger à ces différences, il ne s'en souvient même plus. Même la ressemblance, comme forme dominante de l'identité, est devenue muette. La comtesse pourtant lui demande : « Alors, Don Juan, nous sommes ressemblantes ? Dis-le ! » (Acte I, scène 6.) Mais à quoi ? Le passé est refoulé. « Je ne sais, répond-il, de mes victimes, pour l'heure, je n'en ai jamais vu. Vous savez, les généraux se contentent de remporter les victoires : c'est aux ambulanciers de ramasser les cadavres ». La duchesse : « Mais vous reconnaissez tous ces visages ? » En fait, si la ressemblance avec le passé s'estompe, c'est parce que les métaphores qui établissent des ressemblances, qui les condensent (Richard est un lion parce qu'il lui ressemble par un même courage), ne parlent plus guère : elles indiquent plutôt un problème, une question, un mystère. On a là un renvoi à un au-delà absent, mais présent par ce renvoi même. C'est le mystère qui nous confronte à la transcendance. Don Juan est ailleurs, son monde a changé, il ne sait plus lui-même ce qu'il est quand il n'est plus Don Juan, si ce n'est un homme fatigué de séduire, usé par son passé auquel il est devenu quelque peu étranger. Don Juan ne veut pas ressasser, comme ces femmes prêtes à le condamner. La duchesse commence par lui reprocher cette absence à soi, comme si c'était une dernière ruse : « Le diable vous a conservé pour être son ministre. » (Acte I, scène 6.) En réalité, lui-même n'est plus que la métaphore de lui-même, une énigme dont il ignore la solution, une question à soi, pour soi, dont il ne sait quelle peut bien en être la réponse. Il fait part de cette incertitude à son fidèle serviteur, Sganarelle : « Se retrouver perpétuellement en compagnie de soi, avec les mêmes désirs, les mêmes limites, mais sans cesser de se demander qui l'on est... Car on ne se quitte pas, même si on l'ignore. Ne te demandes-tu pas qui tu es, Sganarelle ? » (Acte II, scène 2.) Et celui-ci de répondre : « Je suis moi, et cela me va bien. » Don Juan lui rétorque : « En fait, tu ne sais pas qui tu es, mais tu t'aimes. Voilà la vérité. Tu t'aimes, qui que tu sois. » Curieux propos de ce séducteur qui n'est plus ce qu'il était, ou qui ne l'est plus qu'au sens figuré, au sens où le Moi est le lieu d'une identité vide, qui se retourne et se remplit au fil du temps. Sganarelle l'a bien déchiffré : « Don Juan n'est plus Don Juan », dit-il.

Don Juan n'étant plus Don Juan, il pourra partir vers de nouveaux horizons sans avoir à épouser la jeune Angélique, désabusée. Don Juan va ainsi jusqu'au bout de son histoire, la séduction est une tromperie, et il en est le démystificateur. En fait, il est son propre démystificateur. Le monde est à relittéraliser, plus de métaphores, car ce ne sont plus que des problèmes. Il faut autre chose. La séduction, c'est l'histoire des illusions, ou pire, l'Histoire comme illusion. Don Juan est sans ambiguïté : « Il ne te viendrait pas à l'idée qu'un séducteur cherche quelque chose qu'il a définitivement obtenu une fois que tu t'es librement laissé séduire ? Il n'y a pas de raison de rester : la viande est morte. » (Acte II, scène 3.) Et l'amour ? « Voilà, le mot est prononcé, tu as tout dit : l'amour ! Pauvre fille, à soixante ans, tu diras "Dieu", comme tu as dit l'"amour" à vingt, avec la même foi, le même enthousiasme. » Il est clair que pour Don Juan, la perception du métaphorique coïncide avec celle de l'Histoire qui passe, une Histoire globale, politique, mais c'est aussi la manière dont il vit le temps qui s'accélère dans sa vie personnelle. Don Juan a compris que ces cinq femmes, qu'il a séduites et abandonnées, sont chacune la même femme en réalité, mais prise à une époque différente, de la jeune Angélique à la vieille duchesse. Il les a toutes en une fois, devant lui, comme un passé qui se déroule sous ses yeux. Chacune est la métaphore de l'autre, ce qu'elle est sans l'être déjà (ou encore). Il accepte leurs différences, puisqu'il reconnaît leur ressemblance, même si ce passé ne lui parle plus.

Don Juan étant lui-même une métaphore de l'Histoire, il cesse d'être autre chose qu'un problème pour lui-même. Qu'est-ce qui subsiste de tout cela ? Serait-ce, comme le croient la plupart des individus engagés dans l'action et la vie pratique, un monde composé de réponses littérales, donc fermé sur lui-même, sans aspérité aucune, rempli de choses utiles, à la matérialité rassurante ? Il n'en est rien. Ce monde-là est dominé par la problématicité, bien que la plupart la repoussent aux confins du visible : tout, pourtant, fait question tôt ou tard, les valeurs, les autres, l'amour, la mort, la vérité. Toute l'œuvre de Schmitt se profile dans cette première pièce, qui nous fait découvrir l'irruption du problématique au cœur de la vie quand celle-ci soudain bascule pour une raison ou une autre.

Le *Don Juan* de Schmitt expose le paradoxe d'un monde qui n'a jamais paru aussi solide qu'aujourd'hui, et le concret, aussi riche et complexe ; pourtant ce monde n'a jamais semblé aussi inquiétant de par les questions qu'il soulève à tous niveaux. Ne pas les voir, c'est ignorer le monde usé qui est le nôtre, où, tel Don Juan, on ne sait pas trop où l'on se dirige. Un monde sans fins communes est toujours problématique au plus profond de lui-même. Don Juan annonce une aube nouvelle dont le maître-mot est l'indétermination. Il faut vivre avec. Ce sont les questions qui font avancer l'homme, non les réponses qui vacillent et auxquelles certains continuent de s'accrocher, par confort. Schmitt sauve Don Juan, à qui on réserve habituellement les flammes de l'Enfer, pour en faire finalement un être comme les autres.

Le libertin ou l'incontournable problématicité : à la recherche de nouvelles réponses

Que devient Don Juan à l'aube de sa vie nouvelle ? Que devient notre monde, usé par les vieilles réponses que l'on cherche à maintenir à flot, vaille que vaille ? Paradoxalement, Don Juan va prendre l'habit d'un Diderot libertin, déchiré entre le plaisir des sens et la réflexion, exemplifiant la vieille opposition qui traverse l'Occident entre le monde sensible et le monde des Idées. On aurait pu croire la sensualité remisée au placard, après le renoncement de Don Juan. Il n'en est rien : Schmitt nous replonge dans une atmosphère où le plaisir sexuel est la préoccupation principale, même pour des individus affairés à écrire l'*Encyclopédie*, comme d'Holbach et Diderot. Quelle est la raison d'être de ce qui semble bien signifier un véritable retour en arrière ?

En fait, Don Juan, en cessant d'être le séducteur impénitent que l'on connaît, quitte la scène, avec des questions qui sont toujours les nôtres, comme « que faire de sa vie ? ». Il est redevenu un homme comme les autres, avec peut-être davantage d'incertitudes. Il a fait table rase, ce que la plupart d'entre nous n'ont pas fait. Il faut reconnaître que l'homme en proie à une problématicité *généralisée* n'existe pas : il s'effondrerait dans le néant total. Que nous le voulions ou non, nous sommes tous immergés dans d'innombrables réponses, plus ou moins implicites, qui nous traversent et même, parfois, nous déterminent. Elles nous sont transmises généralement par les parents, la culture ambiante, ou imposées par les nécessités de la vie. Elles s'entrechoquent entre notre conscience et notre inconscient, où elles font l'aller-retour. Le problématique dont il est question ici n'est donc pas comparable à un sac qui se serait vidé de toute réponse, mais plutôt à un conflit dû au trop-plein d'idées, de valeurs, de priorités, entre lesquelles on ne sait choisir. Le conflit, dans *Le libertin*, se joue entre la morale et le plaisir, l'universalité et l'individualisme. Diderot le symbolise à merveille, d'autant plus que c'est lui qui a pour tâche de rédiger l'article sur la morale dans l'*Encyclopédie*, alors que sa « morale » est des plus sommaires et des plus personnelles, ne sachant résister à aucune passion, à aucune femme.

Ce conflit de la morale et des passions est aussi vieux que la philosophie, pour ne pas dire qu'il est né avec elle. Si chacun n'écoute que ses désirs, c'est l'anarchie ou la guerre, la lutte de chacun contre chacun. Mais qui va renoncer à son Moi, à ses désirs, à ses intérêts, bref à ce qu'il est, pour se couler dans le moule de l'universalité qui exige que seul le devoir soit pris en compte ? Une vie heureuse, juste même, se définirait-elle par un tel renoncement ? Faut-il vraiment refouler ses passions, au nom d'une raison universelle qui ignore l'individu et ce qu'il veut ? Personne, aujourd'hui, ne serait prêt à renoncer à soi-même, et pourtant, si les autres sont importants, il le faut bien. Tel est le dilemme de l'exigence morale : être soi-même ou ne pas l'être. Ce dilemme est omniprésent en chacun de nous, mais il est particulièrement vivace à certaines époques de l'Histoire. Quand celle-ci a vidé de toute substance les réponses qui sont communément admises du fait de la religion ou de l'éducation, chacun est tenté de n'écouter que son bon plaisir, et même de considérer cela comme une norme acceptable par tout le monde, qui ainsi pense de même. C'est ici que l'universalité devient perverse. Si chacun adopte une telle norme de comportement, il n'y en a plus et chacun n'en fera plus qu'à sa tête. Entre renoncer à sa liberté et s'y abandonner sans restriction, il est difficile de choisir sans que le bien ne se transforme en son contraire. *Le libertin* de Schmitt illustre merveilleusement ce mécanisme d'inversion de la perversité d'un bien qui ne serait qu'individuel, et qu'il appelle « naturel » pour justifier une règle de vie valable pour tous. Cette règle qui privilégie ce qui est le plus individuel est en réalité enracinée dans la recherche du plaisir plutôt que dans le souci, propre à la morale, de pouvoir vivre ensemble. Ainsi, on croyait pouvoir sortir du problématique, mais la question éthique demeure intacte au bout du compte. Comment trouver de nouvelles réponses, si les termes de l'alternative s'équivalent, se retournent et, encore une fois, la reconduisent ?

Diderot, le personnage central du *Libertin*, réside chez d'Holbach, où il s'efforce de rédiger l'article consacré à la morale, pour l'*Encyclopédie*. Survient alors une intrigante, Madame Therbouche, qui aimerait réaliser un portrait du grand homme. Elle endort sa vigilance, afin de s'emparer des toiles qu'il a en dépôt pour Catherine de Russie, en le faisant poser nu. Comme on peut s'en douter, cette démarche éveille des réactions bien naturelles chez notre grand homme. Cela va donner au couple matière à philosopher : Diderot est amené à défendre, en guise de morale, le droit de suivre son seul plaisir, et cela au nom de la nature, le seul impératif qui compte. Là, dit-il, se trouve le Bien. « C'est que je ne sais pas si j'y crois, moi, à la liberté ! Je me demande si nous ne sommes pas simplement des automates réglés par la nature. Regardez tout à l'heure : je croyais venir ici me livrer à une séance de peinture, mais je suis un homme, vous êtes une femme, la nudité s'en est mêlée, et voilà que nos mécanismes ont un irrésistible besoin de se joindre. » Et il ajoute : « Pour être moral, il faudrait être libre. Va-t-on reprocher à une tuile de tomber ? Va-t-on estimer l'eau coupable du verglas ? Bref, je ne peux être que moi. Et, en étant moi et seulement moi, puis-je faire autrement que moi ? » Dès lors, le mal est impossible, et la naïveté est le plus sûr moyen d'être moral. Être soi constitue la voie royale, et chacun l'est donc naturellement. Madame Therbouche lui demande « Qu'avez-vous fait jusqu'à présent pour la morale ? » Et Diderot de répondre : « Mais j'ai offert mon exemple. » La morale de tout cela est que la morale est impossible. Le Moi ne peut que s'affirmer, et l'être rejoint ainsi le devoir-être, ou plutôt, s'y substitue. Pas de vices sans liberté, affirme Madame Therbouche. La voici exonérée des siens ! C'est alors que Madame Diderot entre dans la pièce. Elle se doute bien que son époux fait autre chose que de la philosophie. « De bien belles phrases pour dire que tu es un cochon ! » Et Diderot de protester : « Je suis ce que je suis. Pas autre. Tout ce qui est ne peut être ni contre nature, ni hors de nature. [...] Je tiens que la morale n'est rien d'autre que l'art d'être heureux. » Face à un monde sans vraies réponses auxquelles s'en remettre, il ne reste finalement que le Moi ; et qu'est-ce que le Moi si ce n'est l'assurance de se sentir exister par les passions, toutes naturelles, que l'on peut éprouver ?

La fille d'Holbach vient alors soumettre une question « éthique » à notre philosophe : une jeune fille, comme elle par exemple, peut-elle se donner à un homme plus âgé, qui est marié, pour en avoir un enfant qu'elle éduquerait seule ? Diderot acquiesce. N'est-ce pas la voix de la nature qui s'exprime par sa bouche ? Implicitement, il se voit déjà l'heureux élu de Mademoiselle d'Holbach, mais celle-ci n'est en réalité que le porte-parole de sa propre fille, qui a jeté son dévolu sur l'ami de Diderot, aussi âgé que lui. Diderot rejette ce choix :

il souhaite autre chose pour sa fille, une vraie famille par exemple. Mais l'idéal de la famille est-il encore un produit de la nature, ou n'est-ce pas plutôt une construction des hommes ? Voilà notre bon Diderot pris à son propre piège ! La morale, sans universalité, n'est plus que convenance personnelle. À n'écouter que ses passions, on en perd la raison, même si, à n'écouter qu'elle, on ne vit plus. Il faut donc accepter une universalité, mais où mettre des limites pour qu'elle n'engloutisse pas l'individualité ? Diderot reste sans réponse. Il cherche sans trouver : l'alternative demeure. Il se dit aussi à lui-même : « Tu es devenu philosophe pour te poser des questions et voici que tout le monde vient te demander des réponses. Maldonne ! » Chaque alternative de cette pièce s'incarne dans une femme : sa fille, intouchable, qui veut procréer avec un homme qui pourrait être son père ; la jeune d'Holbach, dont il ferait bien sa maîtresse ; sa femme, qu'il respecte mais qu'il trouve honnête, quoiqu'un peu terne comme la raison ou l'intellect ; sa visiteuse, qui veut abuser de lui et de ses biens, mais qui est bougrement tentatrice. Diderot pourra-t-il encore écrire son texte sur la morale ? Non, bien évidemment. Alors, que faire ? Il va tout simplement user d'un artifice, et renvoyer le terme « morale » à celui d'« éthique », et réciproquement. Une escroquerie intellectuelle ? « La morale ? Oui. Et l'absence de morale aussi. » Son serviteur n'est pas sans argument : « Je croyais qu'être philosophe, c'était dire ce que l'on pense. » Bien sûr, répond Diderot, « en même temps, être un philosophe c'est penser tellement de choses... Tu as la tête trop vive, tu veux déjà t'amouracher aussi de la philosophie, l'unique philosophie qui te donnera toutes les réponses : deuxième malentendu ». Le salut est-il seulement dans la légèreté ? Au bout du compte, Diderot doit bien s'avouer que, « pour la morale, dans ma vie, je me contenterai de bricoler. Je ne produirai pas de philosophie morale, je me limiterai au bon sens, comme tout le monde ».

Il y a dans cette démarche une modestie qui cache mal l'impasse. « Éthique », « morale », tout cela n'est pas équivalent, indifférent. Bref, ne pas répondre est facile, c'est le bon sens de chacun qui doit le guider. L'éducation et les mœurs ambiantes, ou pire, le droit, viendront bien au secours du questionneur sans réponse. N'en sommes-nous pas tous un peu là aujourd'hui ? Notre plaisir d'abord, et pour les autres..., on verra bien. Le XVIIIe siècle est cette période où la vieille morale religieuse du rejet du plaisir n'a plus guère de crédit. En cela, cette époque est fort semblable à la nôtre, d'où le choix que fait Schmitt de mettre en scène Diderot. Il lui prête des inquiétudes qui ne viendront qu'après Kant. L'exigence d'une morale universelle qui fait, non pas du Moi, mais du devoir envers les autres une norme absolue est caractéristique du philosophe allemand. L'ennui, c'est qu'elle demande à chacun de renoncer à ce qu'il est, et, dans une époque narcissique comme la nôtre, autant demander aux individus d'être des saints. Restent l'*éthique*, comme choix des fins personnelles, et la *morale*, comme code de conduite socialement accepté, qui porte généralement sur les moyens.

Pour Schmitt, on doit se résoudre à des réponses qui sont multiples, toujours problématiques, qu'on peut remettre en question. Le Moi ne peut rien fonder. On l'a cru, de Descartes à nos jours, mais c'est oublier que le Moi est lui-même une question, pour les autres comme pour soi. Il y a bien un savant qui s'est penché sur cette question et a découvert ainsi d'incroyables réponses, c'est Freud. Le Moi va livrer ses secrets, la morale aussi. Tout va bien. On a enfin l'explication. Est-ce si sûr ?

Freud ou l'inquiétante étrangeté du Moi

Il fallait oser mettre en scène un Freud qui rencontre Dieu sous la forme d'un inconnu, au moment même où les nazis viennent arrêter sa fille pour qu'il quitte l'Autriche. Pourquoi Freud ? Sans doute parce que, au bout de l'évolution qui va du plaisir des sens (Don Juan) à la seule force de l'intellect en passant par la lutte entre les deux (Diderot), il y a Freud qui les concilie, en dépassant l'opposition au profit de l'esprit. C'est celui-ci qui permet d'accéder à la solution du problème de ce qui fait la civilisation. L'esprit est le refoulement du pulsionnel, de l'instinctuel, il est source de l'art comme de la religion. Freud a beau être le découvreur de nos pulsions les plus intimes et les plus inavouables, ce qu'il vise, au bout du compte, c'est à mettre de l'ordre dans le champ pulsionnel pour placer l'intellect au premier rang. Et tout peut redevenir rationnel, explicable, le bien, le mal, le sexe, la religion. La clé du problème ? Le Moi. Freud y voit le fondement de l'harmonie et de la disharmonie du conscient et de l'inconscient. Le Moi est déchiré précisément entre les pulsions sensibles, qui proviennent de l'inconscient, et les impératifs moraux, qui émanent du Surmoi. Le Moi, avec Freud, s'est peut-être liquéfié davantage. Ce n'est plus qu'un opérateur de conciliation, ou de refoulement, si l'incompatibilité entre les pulsions contradictoires est trop forte.

L'inconnu et Freud discutent alors de Dieu : « Tu as voulu remplacer ton père naturel par un père surnaturel. » L'idéal du Moi et le Surmoi à la fois, le père de la Loi et le père qui nous inspire. Dieu serait-il une hallucination, une image, une invention ? « Car ce soir, parce que tu es vieux, parce qu'ils ont pris ta fille, parce qu'ils te chassent, te revoilà tout petit, et tu aurais besoin d'un père. Alors le premier inconnu qui pénètre chez toi de manière un peu incompréhensible et qui parle bien l'obscur, il fait l'affaire, tu oublies tout ce que tu dénonces et tu crois. » Bref, est-ce Dieu qui s'est incarné, à nouveau oserait-on ajouter, ou n'est-ce qu'un imposteur – on disait déjà cela de Jésus, rappelle Schmitt dans l'*Évangile selon Pilate* – qui profite de la faiblesse de Freud ? La question demeure ouverte. Dieu, au fond, c'est l'inconnu, c'est le problématique qui se cache dans les réponses et que l'on ne veut pas voir ; il est dans le Moi qui se ferme sur soi et qui, quand il craque, s'ouvre à l'altérité. La maladie, le danger, la mort, sont propices à la question de Dieu.

Le nazi, lui, est le contraire du divin. Il rabaisse, diminue, parce qu'il est médiocre. « Quand je me trouve moche, minable, quand je me dis que je n'ai pas d'argent et que ça ne s'arrangera pas demain, quand je me dis qu'aucune femme ne voudra plus de moi, il suffit que je me retourne, ça ne rate jamais : il y a un juif qui me regarde. Le juif me rend merdeux. C'est à cause de lui, toujours. » La différence est inassumable pour le médiocre, c'est pour cela qu'il y a de l'antisémitisme. Et Freud d'ajouter : « C'est étrange, moi, lorsque je me trouve médiocre, je ne m'en prends qu'à moi-même. » Dieu élève l'homme, le nazi le rabaisse : ils forment contraste. Le nazi et le visiteur : une succession alternée de tableaux qui s'opposent, comme le Mal et le Bien, l'alternative dans sa radicalité même, le problème suprême auquel on est tous confronté, mais que les temps de crise exacerbent. Cela bouscule les réponses les mieux établies, et elles posent alors question. Freud, l'homme des certitudes, le génie qui a inventé la psychanalyse, n'échappe pas à ce questionnement, lui qui croyait l'avoir résolu. Du moins pour les autres.

Comment Freud va-t-il se débarrasser du nazi ? En lui faisant croire qu'il pourrait être juif. Après tout, n'aime-t-il pas l'argent ? Mauvais signe : les juifs, pour l'antisémite, aiment l'argent, et les autres non, bien sûr... Et puis, il y a son nez, un peu crochu sans doute, comme l'oncle Simon. Que dirait sa hiérarchie, en voyant la photo de cet oncle ? Le nazi prend peur. Freud lui dit : « Ce qui rend les juifs dangereux, c'est qu'on n'est jamais sûr de ne pas en être un. » On ressemble tous à un juif ou à un autre, et dès lors que la question se pose, elle est sans solution pour notre nazi, comme celle de Dieu et de l'inconnu, pour Freud. Cette logique de l'identité faible est terrible. Elle piège tous ceux qui bâtissent leur pensée sur elle. Un rien, et vous êtes l'autre que vous ne voulez pas être, plus moyen de savoir ce qui est problématique et ce qui ne l'est pas, et il faut des certitudes. L'être est devenu si faible que, si l'on n'y prend garde, tout est substituable à tout, pour un rien. Il est grand temps de ne plus tout prendre ainsi au pied de la lettre, de s'interroger, d'aller au-delà de ce qui semble réponse. Quand ce qui vaut comme réponse apparaît plus métaphorique que jamais, les réponses cessent d'être réponses et sont perçues alors comme les énigmes qu'elles sont devenues. Ainsi, cet Oberseit, est-il fou, ou est-ce le monde qui devient fou ? Énigme digne du roi Lear. Freud est sans illusion sur ce dont le monde a besoin : « Il n'y aura plus de saints désormais, seulement des médecins. » La transcendance a cédé la place au besoin et à la nécessité de le satisfaire. On est des corps : « C'est la bête en moi qui veut croire, pas l'esprit, c'est le corps qui ne veut plus tremper ses draps d'angoisse. » Le retour du corps, de l'animalité, c'est le choc de la violence, des instincts ; on pensait avoir dépassé cette mise à nu du corps, mais c'est oublier que le corps est l'Autre en nous, que l'on refoule pour être soi, car je suis Monsieur X, ou Madame Y, et non un paquet de sueurs, d'excrétions, de besoins biologiques divers. Que suis-je au juste ? Certainement pas un corps. Je suis une personne, et non une corporéité qui me rendrait identique aux autres êtres humains. D'où le fait que l'on se maquille, s'habille, se coiffe, pour s'individualiser malgré le corps, à travers lui. Je suis donc autre que mon autre, je suis autre chose qu'un corps, que je suis pourtant également, car que serais-je sans mon corps ? En fait, pour bien souligner la distinction, je dirai que j'*ai* un corps, et non que je *suis* un corps. Pas sûr. Je suis bien mon corps, même si je refuse d'être identifié à lui. Sans lui, ne serais-je pas inexistant, non vivant ? Alors, pour être sûr de ne pas avoir à être ce que je ne suis pas, je refoule tout ce qui, en moi, est corps, et à défaut, je m'arrange pour le mettre à distance, pour le dominer (c'est le rôle du plaisir), pour l'oublier (ce qui se passe quand je suis bien-portant). C'est là que se noue l'inconscient : l'inconscient, c'est le langage du corps. L'esprit en est le refoulement, il est affranchissement. Même le plaisir physique, de la table au lit, est refoulement du corps : il le met à distance par le raffinement et le jeu, comme la gastronomie ou l'érotisme, il est *maîtrise*. C'est moi qui commande, parce que c'est le Moi qui commande. Dieu est le sauf-conduit d'un corps menaçant, parce que toujours menacé. On se raccroche à Dieu pour compenser les dangers et garantir le succès de l'opération du refoulement du corps. Sans le corps, Dieu ne serait pas nécessaire. Il faut bien que lorsque le premier m'abandonne, le second me sauve. Freud, en valorisant les vertus positives du refoulement n'a plus besoin de Dieu.

Mais c'est oublier que le Mal existe encore, et que Dieu est le seul antidote à l'absence d'espérance que le Mal suscite. Le retour du corps coïncide avec l'avènement du Mal : tous les tortionnaires savent bien qu'il faut avilir les corps pour dominer les âmes. La violence de l'Histoire met à nu le corps sous-jacent, dévalue l'esprit, mine la civilisation, promeut la médiocrité. Nazisme et dictature, désespérance et violence, le corps sans l'esprit. Dieu redevient utile pour que l'homme puisse espérer autre chose face aux déchaînements de l'Histoire. Mais on n'est plus habitué : les réponses se sont muées en certitudes, et ce n'est qu'à la lisière de celles-ci que Dieu peut refaire surface, comme une question. Et là, tout se brouille : Dieu est absent, s'étant retiré du monde il y a bien longtemps, laissant les hommes à leur turpitude. « Au fond, s'il y avait un Dieu, ce ne pourrait être que le Diable », dit le Freud de Schmitt. C'est là une idée récurrente chez notre auteur : la transcendance de Dieu, son éloignement, son absence du monde des hommes, fait qu'on ne peut plus établir à coup sûr la différence entre Dieu et le Diable, entre le Bien et le Mal. On les confond si facilement ; c'est une question de présentation. Sans Dieu, le Mal a les coudées franches. S'il triomphe, les hommes ne seront plus qu'une immense *secte des égoïstes*, pour reprendre le titre que Schmitt a donné à son premier roman, une secte vouée à la disparition, fermée sur elle-même au point que les autres, à l'extérieur, ne peuvent plus qu'en percevoir l'une ou l'autre trace. Les réponses ne suffisent pas, il faut les questions. Le réel, Dieu, l'autre, le monde, tout est question, et il faut briser les certitudes. Faut-il, avec Freud, attendre que le Mal vienne nous enlever les êtres chers pour s'inquiéter des espérances ? Qu'est-ce que Dieu ? « Je suis un mystère, Freud, pas une énigme » : une énigme se résout, un mystère se vit. L'existence est la seule question qui n'a pas de solution. On ne peut lui trouver que des réponses. Les religions sont à Dieu ce que les réponses sont à toute solution : une illusion, voire un danger, si on les prend l'un pour l'autre.

Au bout du compte, on ne saura jamais si l'inconnu était Dieu ou le fugitif pourchassé par les nazis. Étrange conception que celle de Schmitt. Dans la tradition occidentale, Dieu est la première réponse qui garantit toute réponse possible ; il ferme la boucle de la pensée sur elle-même, il assure la plénitude du plein. Qu'a-t-il à voir avec l'énigme, le mystère, la problématicité absolue, la problématicité de l'absolu ? Il se présente au contraire comme l'envers de toute question. Schmitt renverse cette perspective. Dieu est par définition au-delà du visible et de la pensée qui ne fonctionne que par des propositions en guise de réponses. Pour lui, chaque réponse renvoie à des questions, à des questions de questions, et Dieu n'est jamais qu'un mot, un espace blanc, pour capturer cette interrogativité infinie qui caractérise l'homme. Dieu n'est jamais donné, et la seule garantie qu'il offre est l'incertitude des choses. Il ne défait pas le Mal, mais il permet de penser le Bien : c'est une quête, jamais une réponse. À chacun de savoir s'il accepte de s'y lancer. Dieu se cache au fond des réponses sans faille comme la question qu'elles posent. Rien n'est univoque, non problématique : cet au-delà de l'évidence est invisible, et c'est pour cela qu'on peut se méprendre à son sujet et se laisser abuser sur ce qui est le Bien et ce qui est le Mal.

Ce qui est intéressant dans cette pièce sur Freud est le stade d'affaiblissement de l'être et du Moi qui s'y exprime. Tout est plus métaphorique que jamais. Freud est même le penseur du métaphorique, puisque l'inconscient ne recourt jamais à un discours littéral. Tout y est codé. Donc, énigmatique. Le métaphorique est enfin perçu comme du problématique, ce qui appelle de nouvelles réponses. Freud est l'homme de ces réponses, avec la psychanalyse. Mais le Moi fait question. Il est le fruit d'un équilibre instable, toujours remis en question, où se disputent les voix du corps et les contraintes de la réalité extérieure. Quand le corps est trop présent, trop pressant, le Moi vacille, et il est confronté au Bien et au Mal. Dieu et le Diable. Freud lui-même va l'expérimenter dans sa chair. On ne peut tout expliquer par des réponses, même quand on en a découvert de nouvelles. La pensée ne peut se fermer sur ses seuls résultats. Freud, plus que tout autre s'en doute, fait appel à l'invisible et à l'irrationnel. Le corps parle, et en parlant, il nous renvoie au refoulement total impossible. Les problèmes accèdent à l'esprit, et quand ils le font, c'est l'esprit lui-même qui devient problème. Dieu est la question d'une origine et d'une raison d'être qui n'a pas de réponse, en dehors de la question qu'il représente. Il est insaisissable. Comment l'approcher, s'il ne s'incarne pas ? Et s'il le fait, comment savoir si c'est Lui ou un autre ? Ce problème du divin qui est radicalement autre fait penser au corps, qui est l'autre en nous. Le corps est l'autre que nous sommes en tant qu'êtres naturels, issus du règne animal, et que nous ne voulons pas être, parce que chacun d'entre nous se définit par sa personnalité, son caractère, son rôle social, en tout cas jamais comme réseau d'instincts, de besoins, de douleurs, de maladies, de fluides en tous genres. Nous sommes des corps, puisque nous sommes des êtres vivants comme les autres, mais nous le sommes en tant que nous sommes autre chose. Si nous nous trouvons malheureusement régis par des contraintes biologiques, animales, nous ne voulons jamais y être assimilés. Comment faire pour refouler ce corps que nous sommes et ne sommes pas, en tant que *personnes* ? Réponse : par le recours au divin. Son rôle est de se présenter à nous comme l'autre que nous pouvons accepter, parce qu'au fond, il nous permet de faire de l'Autre autre chose qu'un corps. Certes, il peut être trop distant, trop « autre ». S'il s'incarne, il sera donc sacrifié (Jésus), sinon, il sera vénéré, comme l'exige un esprit sans corps. Le divin est ainsi la projection hors de nous du corps que nous ne sommes pas. Ainsi, pouvons-nous assumer notre corps et ses vicissitudes. Cela revient à accepter notre *nature*, humaine certes, mais nature tout de même ; autre mot pour qualifier les contraintes récurrentes que nous impose le fait d'être vivant. Le divin est ce qui permet de survivre à la mort du corps, ou, on le verra avec l'enfant Oscar atteint de cancer, de vivre avec la maladie qui mine le corps. Par le divin, le corps est dépassable, et comme celui-ci est le visible en nous et pour nous, le divin devient l'invisible dans notre existence corporelle. Le corps est le mystère du divin par excellence. Le corps ne peut trouver de légitimité aux yeux de chacun que dans l'extériorité, et s'il est divinisé, c'est pour le rendre intouchable car sinon, il devrait être sacrifié, comme tout Autre que l'on est (humain) et que l'on ne veut pas être (animal). Seul l'*amour* peut le rendre « acceptable » chez l'autre, et chez soi aussi sans doute. Le christianisme l'a bien compris, qui a incarné Dieu en un homme, mais toutes les religions ont en réalité prôné un certain détachement du corps. Dieu n'est-il pas la question que le corps m'adresse et que mes réponses visent à éliminer ou à maîtriser ?

Le cycle de l'invisible :

les questions et leur mystère

L'examen des pièces précédentes a permis de comprendre la vision historique de Schmitt. Trois personnages-clés de l'histoire littéraire et intellectuelle ont symbolisé l'évolution de l'Occident moderne. Ils en reflètent l'accélération. Quand l'Histoire va plus vite, ce qui est cesse d'être tout à fait identique, les différences se creusent sans pour autant que les vieilles réalités disparaissent en une fois. Certaines le font, d'autres non. Les identités s'assouplissent, au point de ne plus être que des ombres d'elles-mêmes. C'est pour cette raison que la question de l'identité est devenue la question cruciale de l'Histoire. On voit bien ce qu'il en est aujourd'hui, où chacun se cherche une identité, communautaire ou religieuse, qui est censée le mettre à l'abri du changement et de l'Histoire, à laquelle, pourtant, il faudra s'adapter tôt ou tard. Le Moi a perdu ses assurances petit à petit et ce qui était identique et stable s'est ainsi effrité au fil du temps, la primauté de la subjectivité a cédé la place aux grandes interrogations, car elle s'est révélée elle-même une question pour chacun. L'identité des êtres, des sensations, de la réalité est ainsi plus problématique que jamais, et c'est l'évolution de cette énigmaticité que Schmitt s'est employé à capturer au travers de ces trois personnages, narcissiques et mythiques à la fois, que sont Don Juan, Diderot et Freud, chacun représentant une prise de conscience accrue dans le mouvement inexorable de problématisation du soi, du monde et d'autrui. Même les réponses les plus sûres finissent par soulever des problèmes qu'elles ne peuvent refouler. Schmitt nous convie à partager, en leur compagnie, la problématicité irréductible des grandes questions qui tissent l'existence, et dont Dieu est en quelque sorte le condensé. Par-delà la mort et la maladie, il y a quelque chose comme l'espérance et l'amour qui se dessinent en filigrane, on l'appellera l'invisible si l'on veut, comme pour souligner une forme de réponse porteuse de problématique. Et quoi de plus problématique que le Bien ? Pour quelques-uns le Bien est une évidence. Il ne souffre pas discussion. Mais ne demeure-t-il pas le plus souvent l'invisible dans toute réponse, comme la question qu'elle devrait soulever ?

Entre la vie et la mort : le huis clos de *L'Hôtel des Deux Mondes* ou comment Orphée sauve Eurydice

Un hôtel mystérieux, des êtres un peu perdus qui ne savent pas pourquoi ils sont là, un ascenseur qui les emmène à l'étage du haut, ou qui les redescend, et voilà planté le décor de *L'Hôtel des Deux Mondes*. Une pièce étrange qui rappelle *Huis clos* de Sartre. Ici, on est entre la vie et la mort, comme au purgatoire, où l'on ne sait si on va en enfer ou au paradis. Les ecclésiastiques, qui sont les intercesseurs dans la décision finale, sont ici les médecins. On peut être sauvé et redescendre sur terre, ou mourir et partir vers le ciel, selon que l'ascenseur descend ou monte. On va vite découvrir que cet hôtel est en réalité un lieu de transit pour les personnes tombées dans le coma : elles sont entre la vie et la mort, et elles se retrouvent là pour les quelques heures, les quelques jours, qui voient leur sort incertain basculer.

Un président de société, une femme de ménage, un jeune homme (Julien, qui s'occupe d'un journal sportif), un mage, une jeune fille (Laura) vont ainsi se côtoyer le temps de se heurter, de se connaître et puis de se séparer. « Tous les hommes et les femmes qui occupent une chambre ici sont en train, sur la Terre, de vivre des heures cruciales. Veillés par des médecins, des infirmières ou leurs familles, infiltrés de tuyaux, de sérum et d'électrodes, ils sont dans ce que là-bas vous appelez le coma. C'est-à-dire entre la vie et la mort. C'est-à-dire ici [...]. Vous y êtes délivrés des douleurs que votre corps endure là-bas. »

Chacun est à la fois mort et vivant, l'esprit et le corps sont dissociés. Les différences sociales, la vie qu'on a menée, sont passées au crible par chacun et l'absurdité éclate bien souvent au regard de cette mort qui va tout anéantir, rendant dérisoire ce qui semblait essentiel auparavant. Bien vivre, n'est-ce pas savoir départager l'essentiel de l'accessoire avant qu'il ne soit trop tard ? La plupart des gens l'ignorent : ils courent après des chimères, se disputent pour des riens, se préoccupent d'enjeux qui n'en sont pas, et au bout du compte, ils ont à peine existé alors qu'ils se disent avoir vécu. Le Président se croit encore tous les droits, même à l'Hôtel des Deux Mondes, Marie continue de se mépriser, puisqu'on l'a toujours fait. N'était-elle pas femme de ménage, l'être inexistant et inessentiel au regard de tous ?

Un premier pensionnaire doit alors quitter l'hôtel : ce sera Marie. L'ascenseur indiquera l'étage d'en haut. C'est fini pour elle. Quant au personnage du Mage, il est important car il sait, lui, pour l'avoir longuement pratiqué sur Terre, qu'il n'y a plus de signes, d'indices qui vaillent. Tout n'est qu'interprétation, destinée à se rassurer. Il fait le contraire de ce qu'il faisait là-bas : il dénonce le caractère métaphorique, muet, des choses qui arrivent à chacun. Il n'a plus à en vivre et à faire plaisir : il peut exprimer la problématicité radicale de ce qui se passe, l'indétermination du destin de chacun. Un docteur qui vient ? Cela ne prouve rien. Un pensionnaire qui s'embarque pour la mort ? Cela ne prouve encore rien pour ceux qui restent. On est et demeure dans l'alternative pure : la mort ou la vie pour chacun, comme dans la vie. Mais cette fois, il faut se poser la question et ne plus faire semblant que « c'est pour plus tard ». N'est-ce pas là le conseil que nous devrions tous suivre ? L'homme qui peut mourir est celui qui peut se dire, au soir de son existence : « J'ai fait ce que je devais et voulais faire de ma vie, et j'ai fini ma tâche. » La plupart s'en vont en s'étant laissés porter par leurs inclinations sans s'être interrogés sur ce qui comptait réellement. Ils finissent bien par s'en rendre compte, mais il est alors trop tard. Le constat est irrémédiable. C'est une vie ratée qui s'arrête. Tant pis.

Survient alors Laura. Elle aimerait qu'on la courtise. Personne ne le faisait jamais. Le Mage s'y essaie. Cela fait rire. Le docteur survient pour annoncer à Julien que ça va mal pour lui, sur la Terre. Les hémorragies se multiplient. Laura vient le réconforter. Elle a toujours été faible, maladive, les hommes se détournaient d'elle. Elle ne peut avoir d'enfant. On vient alors chercher Julien pour prendre l'ascenseur ou le ramener, Laura lui raconte tout ce qu'elle aime, la beauté des plages, le calme de la mer, les petites choses qui font de la vie une chose essentielle par elle-même et qu'elle seule semblait apprécier dans le monde des hommes pressés. Julien tombe amoureux de Laura, elle est tellement différente de toutes celles qu'il rencontrait. Elle connaît ce qui est essentiel, lui, le coureur, n'en savait rien. Il aime sa faiblesse : c'est une force. Lui, il se croyait fort, mais n'était-ce pas l'illusion que confère le succès ? Julien va-t-il prendre l'ascenseur ? Fausse alerte. Partie remise. Julien va-t-il changer d'avis ? Non, il l'aime vraiment, il sait que ce qui importe dans la vie, il ne l'a pas vu, car c'est elle qui a raison. Et si le coma était l'aveuglement dans lequel nous vivons tous la plupart du temps ? La vérité est invisible : la mort seule peut-elle nous la révéler ?

Le Président, lui, ne croit pas à tout ce qu'il voit. Pour lui, c'est clair : l'ambulance l'a amené chez les fous. La vie, ce sont les questions que l'on se pose et la liberté, la façon d'y répondre. Le Président est déjà mort : il est stupide. Il n'a que des réponses. Et pourtant, il repartira vers la Terre. Celle-ci est sauvée : les « cons » la dirigent, ils font nombre, ils sont souvent président, doyen, chef, secrétaire général, directeur et, quand ils ne le sont pas, ils rêvent de l'être. On récompensera leur servilité pour mieux utiliser leur bêtise. De bons débiteurs, en somme : fidèles et sans lucidité.

Julien s'indigne. Pourquoi le Président est-il sauvé et non la pauvre Marie ? Le docteur répond : « La mort n'est ni un châtiment ni une récompense. Chacun de vous voit dans sa mort une affaire personnelle. C'est ridicule. Nul n'y échappe. Pour parler votre langage, je dirais que je n'ai jamais rencontré quelqu'un qui méritait de mourir. » La mort est un fait biologique, et on ne mérite pas plus de naître que de trépasser.

C'est entre ces deux événements qu'il faut ne pas se tromper.

Laura attend sa greffe de cœur. Elle ne s'inquiète pas. Malade, elle a toujours dû se concentrer sur l'essentiel. Elle a envie de faire l'amour avec Julien. Après tout, quel sort leur est-il réservé ? Autant en profiter. Le mage, lui, est sur le point de quitter l'hôtel : on va le débrancher. Julien, lui, s'inquiète du peu de temps qu'il a encore pour aimer Laura. Le docteur lui répond : « C'est déjà bien que les choses soient. Pourquoi voudriez-vous qu'elles durent ? » Mais tout s'obscurcit : nous sommes un peu tous comme le mage, à la recherche du non-problématique quand nous ne disposons que du problématique. Le mage s'énerve. Il aimerait que Dieu parle, que Dieu soit, que Dieu *réponde*. C'est Lui qui est dans le coma, Lui reproche-t-il. Au fond, récompense, justice, châtiment, maladie, mort, tout cela a été inventé pour se rassurer sur le triomphe du Bien et la défaite finale du Mal, mais tout cela est indifférent au bout du compte. L'homme voudrait que ce ne le fût pas. Ne peut-il voir que c'est impossible ? La matière n'a que faire des sentiments. C'est nous les humains qui les produisons, les vivons avec les autres, parce qu'ils sont là. Le Bien, le Mal, sont de faibles remèdes, mais les distinguer aide pour le parcours.

Le mage arrive au bout de son séjour. Il raconte que, pris dans le tumulte de ses affaires, il n'est pas allé au chevet de sa fille morte quand elle avait vingt ans. Il sait qu'il a eu tort, aujourd'hui il le regrette, mais c'est trop tard. Le docteur aimerait sauver Laura : le cœur du mage sera greffé à Laura. Le mage est heureux de pouvoir la sauver, lui qui n'a rien fait pour sa propre fille. Laura redescend sur Terre, laissant Julien à l'hôtel. Le docteur semble pouvoir faire des miracles. Est-ce bien une femme doctoresse ? Certains ne l'appellent-ils pas « Monsieur » ? Qui est ce docteur au juste ? « À cette question, même les réponses ont des points d'interrogation ».

Julien s'en va. Reconnaîtra-t-il Laura ? « Je le crois, dit le docteur. Sitôt sorti de l'ascenseur, vous oublierez tout, mais il existe sur Terre une mémoire inconsciente de ce qui s'est passé en dehors de la Terre, une mémoire profonde, tapie dans les replis de l'esprit et qui se réactive au premier regard que deux individus s'adressent et qui les fait se reconnaître. Cela s'appelle le coup de foudre. »

Julien se dirige vers l'ascenseur. Est-ce pour descendre ou pour monter ?

Comment vivre bien sachant qu'il faut mourir. De *Monsieur Ibrahim* à *Oscar et la Dame Rose*

La mort est un thème constant de l'œuvre de Schmitt. Elle nous hante et nous place devant l'alternative suprême : que faire d'une vie, la sienne ou celle des autres ? Comment faire le Bien si le néant menace ? Quelles sont les bonnes questions à se poser alors qu'il n'y a pas de réponse, ou en tout cas, pas de solution ? La mort, c'est ce qu'il y a de plus problématique et de mystérieux dans l'existence.

Schmitt montre que c'est devant cette énigme que les religions ont toujours proposé leurs bons offices.

Prenons le cas de l'islam, avec *Monsieur Ibrahim et les fleurs du Coran*. Monsieur Ibrahim est un vieil épicier musulman qui rêve de pouvoir retourner une dernière fois dans son pays. Qu'est-ce qu'un épicier arabe, demande Schmitt ? Arabe ? Non. Musulman, oui. Mais

« bon Arabe », ça veut dire « ouvert de 8 heures du matin jusqu'à minuit, même le dimanche », dit Ibrahim. Il vit dans le quartier juif. Momo est un enfant juif, délaissé par un père trop occupé et une mère qui est partie. Momo aime beaucoup l'épicier, et lui aussi aime beaucoup Momo. Momo, c'est Moïse, mais ça pourrait être Mohammed. Est-ce que cela importe ? Ils habitent rue Bleue, qui n'est pas bleue. L'Arabe n'est pas arabe non plus. Comme quoi, les choses ne sont pas ce qu'elles sont. Elles sont différentes : c'est ça l'Histoire. Avec elle, ce qui est, on le sait, n'est plus tout à fait le même, et quand la différence s'est fortement creusée, on finit par s'en rendre compte. Le Juif et l'Arabe ne sont finalement peut-être pas si différents que cela. Ils devraient finir par s'en apercevoir. Tous deux sont la métaphore de la haine qu'éprouve le bon bourgeois stupide quand il ruisselle de certitudes sur les autres. Comme on sait, juifs et musulmans se détestent trop souvent, parce qu'ils ne voient pas en quoi ils sont si semblables, eux qui naviguent aux limites de la société dite bien-pensante, mot charmant qui couvre mal le fait que c'est là un groupe d'êtres qui ne pensent pas. Est-ce d'ailleurs nécessaire quand on est dans le bon camp ?

Un jour, le père de Momo disparaît aussi, après avoir été viré. De honte, Momo fait croire que son père est toujours là. Il part avec Ibrahim en Normandie, les liens se resserrent entre eux. Toute la bonté du monde est dans le Coran pour Ibrahim. Momo, lui, ne sait pas trop ce que c'est d'être juif. Une habitude, sans doute...

La police vient alors annoncer que le père d'Ibrahim s'est suicidé. Momo est furieux de tout ce qu'a fait son père : celui-ci a toujours brandi son frère (imaginaire) comme modèle, Popol, pour justifier son désintérêt pour Momo, dont il s'occupe à peine. En plus, il l'a maintenant totalement abandonné. Mais Ibrahim, dans sa bonté, lui trouve des excuses. « Ton père n'avait pas d'exemple devant lui. Il a perdu ses parents très jeunes parce qu'ils avaient été ramassés par les nazis et qu'ils étaient morts dans les camps. Ton père ne se remettait pas d'avoir échappé à tout ça. Peut-être se culpabilisait-il d'être en vie. Ce n'est pas pour rien qu'il a fini sous un train. Ses parents, ils avaient été emportés par un train pour aller mourir. Lui, il cherchait peut-être son train depuis toujours. S'il n'avait pas la force de vivre, ce n'était pas à cause de toi, Momo, mais à cause de tout ce qui a été ou n'a pas été avant toi. »

La mère, jadis partie avec Popol, le frère

aîné – du moins c'est ce qu'avait prétendu le père –, refait surface. Momo fait semblant qu'il est quelqu'un d'autre. L'idée selon laquelle on est autre que ce que l'on est, que même tout répond à cette étrange règle, évoque la fiction de l'identité lorsque celle-ci s'affaiblit. Même Popol va se révéler une fiction, un modèle imaginé par le père de Momo, lequel, pour brouiller les pistes, va dire à sa mère qu'il s'appelle Mohammed et non Moïse. Il est l'autre qu'il n'est pas. Chacun est la métaphore de soi-même en se faisant passer pour un autre.

Peu à peu, Momo appellera Ibrahim « papa ». Autre fiction. Lors d'un voyage effectué avec Momo dans sa Turquie natale, Ibrahim succombe à une crise cardiaque. Momo reprendra l'épicerie de Monsieur Ibrahim. Juif ou musulman, est-ce que cela compte, si l'on est bon et humain ? « La rue Bleue, c'est une jolie rue, même si elle n'est pas bleue. » Les choses ne sont pas ce qu'elles sont, et c'est pour cela qu'elles posent problème. On doit faire semblant que tout est comme avant pour que ces problèmes ne deviennent pas pressants. Pourtant ils sont là. Alors, il reste l'humanité, la générosité pour faire face. Le Coran est plein de choses, pas toutes jolies, mais la Bible également. Ces livres ont été écrits pour que le Bien existe. Faire le Bien, que ce soit au nom du Coran ou de la Bible, c'est cela qui compte. Être juif, comme Momo, cela doit vouloir aussi dire faire le Bien. Les livres sacrés l'affirment. Ce que l'on est et fait importe plus que ce qu'on croit. La croyance est privée. Le Bien, jamais.

Dans *Oscar et la dame rose*, la situation s'inverse. C'est l'enfant qui meurt et la vieille dame qui demeure pour témoigner de ce qui s'est passé. Ce livre est un petit bijou, un des grands textes de la langue française, appelé à rester un classique parmi les classiques. Oscar est un petit garçon de dix ans qui va mourir d'un cancer. Il en veut à ses parents pour une maladie qu'il considère comme une trahison de leur part. Met-on un enfant au monde pour qu'il meure ? On pourrait croire que dans une telle situation, Dieu est inutile. Il ne peut rien faire. On ne peut que Lui en vouloir, si on y croit. Mamie Rose est une vieille dame bénévole, qui s'occupe de réconforter les enfants du pavillon. Est-elle l'incarnation du divin ? En tout cas, elle conseille à Oscar d'adresser ses lettres à Dieu et de Lui dire tout ce qu'il a sur le cœur. Il reste à Oscar douze jours à vivre : chaque jour comptera pour dix ans, il connaîtra l'amour avec une autre petite pensionnaire, la rupture, la « vieillesse », la fin.

Il aura ainsi pu vivre sa vie en accéléré, profitant de chaque moment. La candeur d'Oscar, sa colère contre le destin, c'est-à-dire ses parents qui n'y comprennent rien, un peu aussi contre lui-même, sa tristesse qui se mue peu à peu en joie puis en résignation grâce à Mamie Rose, font de ce livre un chef-d'œuvre d'humanité, écrit avec le regard, et même le langage, de l'enfance. Oscar qui souffre, cela ne fait-il pas penser à Jésus sur sa croix ?

C'est en lisant ce livre qu'on découvre peu à peu la « vision de l'invisible » de Schmitt : l'invisible est ce qui donne constance à une identité vacillante. Mais il est problématique. Il faut accepter le fait que notre identité est problématique. Les religions aident toutes à vivre, peut-être même à mourir, mais elles ne peuvent prétendre à la vérité tant elles sont différentes, et à la fois si semblables. Qu'on soit chrétien, musulman ou juif, ce n'est là qu'une illusion d'identité, une fiction qui ne devrait pas obscurcir le fait qu'on n'est rien si on n'aime pas ou que l'on n'est pas aimé.

Mamie Rose illustre l'une des pensées fondamentales de Schmitt, lorsqu'elle rassure Oscar sur l'amour de ses parents. Oscar leur reproche de le fuir alors qu'il est malade. Par-là, Mamie Rose veut souligner que le Mal et le Bien ne sont pas univoques, tranchés une fois pour toutes. Ils sont problématiques et il faut savoir les repérer en allant au-delà des apparences. Les gens ne sont jamais ni tout noirs ni tout blancs, comme si les réponses étaient claires. On flotte, on oscille, les alternatives se dessinent, s'effacent, s'annulent parfois. L'Allemand qui pénètre dans le monastère où sont cachés les juifs, dans *L'Enfant de Noé*, non seulement ne les dénoncera pas, mais glissera au Père supérieur un billet pour eux. Un Allemand n'est pas forcément un Allemand, pas plus que la rue Bleue n'est tout à fait bleue. Les parents d'Oscar font ce qu'ils peuvent, vu les circonstances tragiques de sa maladie ; en clair, ils ne savent que faire ni quoi dire. Ils sont épouvantés, et c'est Mamie Rose qui doit le réconforter et intercéder, pour réconcilier Oscar avec son sort mais aussi avec ses parents qui ne sont pas si « cons » qu'il le dit. Amour et haine, vérité et illusion, certitude et incertitude, sont autant de concepts qui se brouillent à la longue. Eux-mêmes font question, finalement. Et comme le rappelle Mamie Rose, ce ne sont que « les questions sans intérêt qui ont une réponse définitive ». C'est ce constat qui amène à relativiser les points de vue : Oscar meurt, Ibrahim aussi, le premier est jeune, le second est vieux, ou l'inverse, tout cela montre bien que ce n'est pas cela qui compte. L'identité passe après les vrais problèmes, et tout ce qui semble tisser notre consistance propre, différente de celle des autres, n'est qu'amas de « fleurs séchées », celles que Momo retrouvera dans le Coran d'Ibrahim après sa mort. Les fleurs du Coran ? Ce sont les restes d'une vie à l'ombre d'un livre saint, fragiles comme elles. Elles sont le symbole d'une sagesse qui s'apparente à des « perles de verre ». La vérité des religions, s'il y en a *une*, réside dans le refus de *la* vérité. Dieu doit être bien tolérant pour supporter toutes les religions que les hommes ont inventées. Elles n'empêcheront jamais de voir que leur sagesse tient moins aux réponses qu'elles imposent qu'aux questions qu'elles proposent. C'est pourquoi ces questions sont comme des fleurs que la vie dépose au creux des livres qui nous sont le plus chers, avant de faner entre leurs pages, une fois le livre refermé définitivement.

La lutte du Bien et du Mal en chacun

Dans le monde qui est aujourd'hui le nôtre, les points de repère font désormais défaut. Les valeurs se sont effritées avec l'accélération de l'Histoire, qui est impitoyable. Les problèmes enfouis jusque-là refont surface, comme le corps, témoin d'une indifférenciation croissante dans la société de masse qui chosifie les êtres en matière consommable. Le Moi se fragmente, se divise, se dédouble, s'arrange avec lui-même pour le Bien comme pour le Mal. Il est les deux à la fois. Où est encore la réalité et où commence l'apparence ? Le corps semble donner consistance à notre individualité alors qu'on la cherchait ailleurs, tuant l'invisible en nous au profit d'une visibilité devenue problématique. Le refoulement du corps est de plus en plus difficile à assurer, celui-ci semble même s'identifier à notre personnalité, et nous constituer de façon déterminante. Le corps est devenu une obsession pour chacun, dans un souci de maîtrise impossible à réaliser complètement. Mais de la gymnastique à la cosmétique, du régime alimentaire aux extravagances vestimentaires, le rapport au corps occupe l'esprit de bien des gens, comme si leur individualité s'y logeait désormais tout entière. L'identité est menacée par l'Histoire, alors on lutte contre ce que l'Histoire peut bousculer. C'est le retour à la nation, aux religions fondamentalistes, comme pour redonner sens à l'identité perdue. Là-dessus, Schmitt est intraitable : Oscar *est* Momo, Ibrahim *est* Mamie Rose, à moins qu'Oscar ne soit Ibrahim, puisqu'ils meurent tous les deux. Les identités sont ailleurs que dans les étiquettes communautaires. C'est l'invisible en nous qui donne sens à ce que nous sommes, et non les marques de nos différences. Soyons autres pour être nous-mêmes.

La pensée bouddhiste qu'explore Schmitt dans *Milarepa* illustre cette question : qu'est-ce qui est réel et qu'est-ce qui n'est qu'illusion, transformation et inessentialité ? Mais qui est au juste ce Milarepa, qui a donné son nom à l'œuvre de Schmitt ? Un moine bouddhiste, qui vécut au XIe siècle, et qui devint célèbre grâce à sa connaissance de la magie. On le retrouve chez Schmitt, dans le rêve de Simon, un homme d'aujourd'hui qui, semble-t-il, doit expier les méfaits d'une vie antérieure, où il était Svastika (la croix gammée nazie est le svastika), le méchant oncle de Milarepa. « Tu parcours les montagnes des songes depuis des siècles en essayant de purger ton âme. Tu voudrais te libérer de la haine. Tu n'y arriveras qu'en racontant l'histoire de celui que tu combattis, l'histoire de Milarepa, le plus grand des ermites. » En fait, Svastika était pauvre quand il arriva chez les parents de Milarepa. Celui-ci était plein de sollicitude, mais Svastika ne supportait pas sa bonté. Svastika fait fortune et, quand le père de Milarepa meurt, c'est Svastika qui doit s'occuper de Milarepa et de sa famille. Il le déteste, car Milarepa lui renvoie l'image de sa faiblesse passée. Il la lui fera payer cher. Il s'attribue ses biens et traite sa sœur et sa mère en domestiques. À vingt ans, Milarepa réclame la fortune de son père, que Svastika se garde bien de lui rendre. Alors, cet homme bon s'en va. Svastika en est content, lui à qui, jadis, on avait tendu la main. La gratitude est la honte des médiocres, en Inde aussi. La sœur de Milarepa doit se prostituer pour survivre, tandis que la mère n'est plus qu'une ombre.

Pendant ce temps, Svastika prospère. C'est

alors que les ennuis commencent pour lui. D'une manière inexpliquée, la noce de son dernier fils tourne au drame. Toute la famille meurt, quand le bâtiment où elle se trouve durant la fête s'écroule sur eux. Milarepa est devenu un magicien vengeur. Le châtiment se poursuit : Svastika voit ses récoltes ruinées suite à un déchaînement mystérieux du ciel.

Simon se réveille, le rêve s'estompe. Était-ce une illusion ou tout cela s'est-il réellement passé, neuf siècles plus tôt ?

Le rêve reprend : Svastika reconstruit son domaine. Milarepa veut se purifier d'avoir utilisé la magie pour détruire son oncle, pourtant coupable. Comment trouver l'apaisement ? Le Bien doit-il vraiment se réduire à la Justice ? Il se rend alors chez un Grand Lama, qui lui ordonne de commettre d'autres crimes. Puis de les réparer. Le Mal, le Bien, tout se confond. Milarepa s'enfonce plus avant dans l'ascèse, dans le renonce ment et l'autopunition. Il construit même une tour ronde, que son Maître lui demande de détruire aussitôt achevée, puis carrée, puis triangulaire. Des épreuves plus absurdes les unes que les autres se succèdent, et le bonheur demeure toujours inaccessible. Pourquoi lui imposer tout cela ? Il lui faut comprendre que la sagesse ne s'achète pas, ne se demande pas à un Maître, ou à autrui en général. Au fond, Milarepa ne valait guère mieux que son oncle. « Rien de plus déprimant que les scélérats qui se convertissent et réussissent dans le bien aussi facilement que dans le mal. » Milarepa peut enfin accéder à la sagesse et au bonheur. Il n'est plus lui-même, il est un autre, comme notre rêveur, qui se voyait en Svastika. Le « je » éclate dans nos songes, mais sont-ce des songes ? Qui suis-je au juste ? Celui que je crois être ? Celui que je veux être ? « À force de voyager de Simon en Svastika, de Svastika en Milarepa, j'oublie mes noms, mes papiers d'origine, j'égare ce sac d'habitudes et de réflexes qu'on appelle "Moi". » Peut-être même que Milarepa est un Svastika qui déciderait d'être une personne bonne ? Svastika retrouvera Milarepa sur sa route, avec toujours la même haine au ventre. Mais il est arrivé au bout de son parcours, la mort le guette, il va lui falloir abandonner tous ses biens. Milarepa a su se détacher de tout, lui, de rien. Milarepa est apaisé, Svastika en est loin.

Simon se réveille à nouveau, comme libéré par la mort de cet homme qui semblait venu d'une vie antérieure pour envahir ses rêves.

Et Milarepa ? Lui aussi est libéré de cette soif de vengeance. Alors, en quoi consiste la sagesse ? « Le nirvana n'existe pas, tout cela n'est qu'une façon de dire. » Libérez-vous des métaphores que vous prenez au pied de la lettre, comme des illusions qui sont les drapeaux de la haine et du fanatisme. Méditez sur la quête elle-même et vous saurez que ce qui compte est de ne se laisser abuser par aucun objet, par aucune chimère. Et si la mort était la seule réponse sûre... ?

Ce très beau texte de Schmitt sur le bouddhisme n'est pas sans rappeler *Siddharta* de Hermann Hesse. La sagesse, ici, est vue comme une mise à plat des assurances que l'homme se donne à lui-même. Le Bien et le Mal s'inversent, et il ne suffit pas de mettre un signe moins devant ce que l'on appelle le Mal pour qu'il se mue en Bien. Le Moi, auquel il convient de renoncer dans le bouddhisme pour se purifier de ses désirs, est aujourd'hui bien moribond comme repère fixe de notre identité. Même en Occident. C'est curieux, objectera-t-on, car notre époque est plus narcissique que jamais. Chacun rêve de célébrité en guise de salut. Pour exister, il faut désormais être vu, reconnu, passer à la télévision. L'idéal existentiel de ceux qui veulent remplir le vide de leur être consiste à aller coloniser celui des autres. Mais tout cela ne mène pas bien loin : aujourd'hui, certes c'est moi que l'on admire, mais demain, ce sera quelqu'un d'autre, et puis encore quelqu'un d'autre. C'est cela la célébrité à l'époque des médias. Le Moi s'est vidé pour que cela soit désormais l'Autre, les autres, qui lui donnent une quelconque consistance. Il s'est éclaté en de multiples rôles qui se superposent et s'annulent. Les femmes le savent bien : comment avoir un métier d'homme, s'occuper de sa famille, rester femme, bref, être tout et arriver à tout faire ? On est tous trop de choses, mais est-on encore quelqu'un pour autant ? Le bonheur et la sagesse ne sont-ils pas en état de divorce eux aussi ? Le Moi est fragmenté, il est recherche inextinguible, rien ne peut le satisfaire, sinon le Rien. Il s'est effiloché avec une société qui lui demande trop et ne lui offre rien. Le Moi ne connaît pas les 35 heures. Repli sur la famille ? Elle se disloque à son tour. On n'a pas eu le temps de voir venir. « Je est un autre », disait le poète. L'ennui, c'est que l'autre n'est pas davantage que moi. C'est insupportable. La société ne favorise guère la tolérance, mais incite aux réflexes identitaires les plus archaïques. Où vais-je encore trouver le salut ? Dieu n'est-il pas mort ? Et la nation, la religion ? Tout cela n'est-il pas chimères destinées à remplacer d'autres chimères ? On vit tous en banlieue parce que le Moi est désormais la banlieue de l'existence vraie. Le Mal et le Bien sont en nous : je *suis* Svastika et Milarepa à la fois, je peux être l'un *et* l'autre tour à tour. Lequel des deux est vraiment Moi si je puis être l'un et l'autre ? Le Moi qui s'affirme contre l'Autre et le nie est le Mal, le Bien est alors l'invisible qui fait que l'Autre, c'est Moi, que je reconnais en lui. À première vue, ce n'est pas évident. La réalité du Mal s'inscrit dans la politique, par l'exclusion de l'Autre, et le Bien ne peut alors s'imposer qu'en luttant contre ce système, en lui opposant un Autre. La politique du Mal ? Elle existe, et cela n'a pas été un rêve mais un cauchemar. Voyons cela de plus près.

Renoncer au Moi, c'est accepter la question que je suis pour moi-même, et cela ne peut que conduire à m'interroger sur cette question même. Le Mal a au moins un avantage : il sert à comprendre le Mal lui-même.

Le Bien est-il encore possible ? Un enfant juif dans la tourmente des persécutions

Milarepa nous a confrontés avec le Moi évanescent en proie aux passions contradictoires qui nous habitent. Mais qu'en est-il lorsque le Mal s'instaure en véritable système de gouvernement ? Le Bien est dans la lutte contre ce système. La question qui demeure est celle de savoir ce que chacun aurait fait en 1943 s'il avait dû vivre sous l'occupation allemande. De quel côté aurais-je été ? Aurais-je eu le courage de protéger les persécutés, au péril de ma vie ? Certains l'ont fait.

L'*Enfant de Noé* raconte précisément l'histoire d'un jeune garçon de sept ans qui va trouver refuge dans une institution catholique, dirigée par le père Pons. Joseph, l'enfant, trouve amitié et protection auprès de Rudy. Le père supérieur va initier Joseph au catholicisme, entre autres en le faisant participer à la messe, afin de le rendre « aussi catholique que possible » au cas où les Allemands débarqueraient pour vérifier Dans une crypte aménagée en sous-sol, Joseph et ses frères en religion pourront continuer à pratiquer la religion juive également. C'est là que le père supérieur et ses protégés se cacheront au bout du compte, quand les Allemands viendront pour rafler les enfants. La défaite des nazis leur sauvera la vie. Rudy et Joseph resteront amis pour toujours, Joseph retrouvera ses parents et tout se terminera bien : ils feront même fortune par après.

Cette vision un peu trop idyllique – il y a même un « bon Allemand » qui ferme les yeux sur la présence des juifs au monastère – de ce qu'a été le calvaire de ces enfants, sans parler des parents dont beaucoup ne revinrent jamais des camps de la mort, sert surtout à Schmitt pour revenir sur son thème favori des religions qui s'entrecroisent dans un même idéal de fraternité.

L'enfant juif ne comprend évidemment pas pourquoi on veut le tuer, lui qui n'a rien fait, du haut de ses sept ans. Mais il est du « peuple élu », et comme le seul peuple élu, désormais, est le peuple allemand, Joseph et ses frères sont forcément de trop. Et là, Schmitt frappe fort, avec beaucoup de justesse. C'est quoi, un « peuple élu » ? C'est celui qui témoigne de l'unicité de Dieu, du respect qu'il faut avoir pour les hommes, pour ceux qui sont autres que soi, et qu'on n'aime pas forcément. L'antisémitisme est une offense faite à Dieu, mais surtout aux autres hommes. Hitler, c'est le barbare par excellence. Les juifs ont « une mission. Un devoir. Témoigner devant les hommes qu'il n'y a qu'un seul Dieu, et, à travers ce Dieu, forcer les hommes à respecter les hommes ». C'est pour cela, dit le père supérieur, que les chrétiens ont besoin des juifs, comme d'un rappel. « Rendez-moi plus claire la différence entre juif et chrétien, mon père ». Il répond . « Les juifs et les chrétiens croient au même Dieu, celui qui a dicté à Moïse les Tables de la Loi. Mais les juifs ne reconnaissent pas en Jésus le Messie annoncé, l'envoyé de Dieu qu'ils espéraient ; ils n'y voient qu'un sage juif de plus [...]. Voilà, Joseph, les chrétiens sont ceux qui se souviennent, les juifs ceux qui espèrent encore. [...] La religion juive insiste sur le respect, la chrétienne sur l'amour. Or je m'interroge : le respect n'est-il pas plus fondamental que l'amour ? Et plus réalisable aussi... Aimer mon ennemi, comme le propose Jésus, et tendre l'autre joue, je trouve ça admirable mais impraticable. Tu tendrais ton autre joue à Hitler, toi ? [...] L'amour peut-il être un devoir ? C'est difficile, l'amour, on ne peut ni le provoquer, ni le contrôler, ni le contraindre à durer. Alors que le respect... Je me demande si nous, les chrétiens, ne sommes pas seulement des juifs sentimentaux... »

Quelle est la différence entre le judaïsme et le christianisme qui sous-tend toutes leurs autres différences ?

Le judaïsme est né d'exils et d'exodes successifs subis par le peuple juif, asservi de Babylone à l'Égypte. C'est ce qui fait que Dieu a dû lui sembler bien lointain, extérieur au destin qui lui était infligé, à tout destin humain. Alors, comment faire pour se remémorer Dieu malgré les malheurs et se conforter dans Son existence ? Par des rites permanents, qui consacrent l'obéissance et le renoncement ; comme la circoncision, des pratiques alimentaires très contraignantes, des interdits et des obligations, qui vont rappeler à chaque juif la puissance exigeante de la Loi à laquelle il faut se plier. Dieu est un être abstrait, la religion doit donc être très concrète. Cette soumission se retrouvera dans d'autres religions qui vénèrent un Dieu tout-puissant et extérieur, comme le protestantisme ou l'islam.

Le catholicisme entretient une autre vision, tout en conservant l'idée d'un Dieu transcendant, qui est le même que celui des autres religions. Mais ici, Dieu est don, sacrifice. La preuve ? Il remet la vie de Son propre Fils entre les mains des hommes. Les miracles qu'accomplit Jésus s'expliquent comme des dons. Le chrétien peut négocier ses péchés. Comme Dieu aime les hommes, Il les leur pardonne. C'est l'amour contre la Loi. À la rigueur impartiale « œil pour œil, dent pour dent », le christianisme oppose la nécessité de tendre la joue gauche après avoir été frappé sur la joue droite. La différence, intangible dans le judaïsme entre l'homme et Dieu, consacre l'asymétrie et le pouvoir du Maître. Dans le christianisme, l'amour de Dieu pour ses créatures engendre proximité et charité. Le risque de cette proximité est bien sûr le retour d'une certaine forme de paganisme, car si le divin devient immanent, on adorera Jésus, les saints, la Vierge Marie, plutôt que Dieu lui-même. Les protestants, d'ailleurs, quoique chrétiens, refusent aussi tous ces cultes. Alors, que choisir : le devoir ou l'amour ? Pour Schmitt, il y a de l'hypocrisie à prétendre aimer l'Autre, le respecter est déjà bien, c'est même essentiel. C'est la force du judaïsme d'exiger le respect des autres comme norme absolue. Un homme a besoin de dignité, l'amour, c'est autre chose.

Le christianisme de Schmitt est donc fort proche du judaïsme, où Dieu s'absente du monde, laissant les hommes à leur sort. Joseph est sauvé : « Vous croyez vraiment que c'est Dieu qui nous a aidés ? Franchement non, mon petit Joseph. Dieu ne se mêle pas de ça. »

Être juif, au fond, c'est servir de relais, d'où le rôle de la culture dans la communauté juive. Tous ses membres sont des enfants de Noé, car il s'agit de sauver ce que chaque génération transmet de bien à la suivante. Si le père Pons, en cachette, le soir venu, étudie le judaïsme, c'est parce qu'il croit profondément à ce passage de témoin entre les cultures et entre les générations. Mais « le père Pons avait beau m'enseigner la Torah, confie Joseph, rien ne m'émouvait autant que le rite catholique avec ses ors, ses fastes, ses musiques et ce Dieu immense et aérien qui se tenait, bienveillant, au plafond ». Se convertira-t-il ? Non, mais il apprendra la tolérance et l'ouverture pour ceux qui l'ont sauvé. Si la haine de l'Autre produit l'antisémitisme, le sectarisme et le repli sur soi ne sont pas davantage des réponses. Chaque juif est un enfant de Noé parce que chaque homme l'est à sa façon : on ne peut sauver l'homme si on n'est pas prêt à s'engager pour des hommes, à les reconnaître pour tels, dans leur spécificité. Le père Pons a été un Noé à sa façon, et Joseph, à son tour, se doit de transmettre sa culture, la culture, à ceux qui le suivent.

« Avec passion, j'ai appris la religion de mes pères et je l'ai transmise à mes enfants. Mais Dieu ne vint pas au rendez-vous. Jamais, dans toute ma vie de juif pieux, puis de juif indifférent, je n'ai retrouvé le Dieu que j'avais senti lors de mon enfance, ce Dieu bienveillant qui flottait au plafond, ce Dieu qui habitait la petite église de campagne. » Dieu ne s'est-il pas retiré du monde une fois qu'Il l'a créé ?

Le Diable sans le bon Dieu

Il n'est pas possible de parler de l'invisible – est-ce Dieu ? – sans parler de son alter ego, le Diable. Que se passe-t-il si Dieu est absent du monde ? C'est cette question qui hante Schmitt dans une merveilleuse petite pièce, l'*École du Diable*. Quel rôle y a-t-il encore pour le Diable, si les hommes, livrés à eux-mêmes, font tout le travail pour lui, se déchirent et se détruisent naturellement, sans son intervention ? Le Diable a besoin d'être rassuré : il se sent mal. Pourtant, il n'y a pas de quoi : « Nous avons actuellement plus de quinze guerres sur le globe, assez salement ravageuses grâce aux progrès techniques ; un bon million de situations tendues qui font plusieurs morts et quelques blessés graves par mois ; trois tremblements de terre ; deux cyclones ; cinquante inondations et une sécheresse chronique ; une moitié de l'humanité crève de famine, l'autre moitié d'indigestion, la médecine se chargeant des rescapés ; il traîne encore sur la terre cent vingt-cinq maladies mortelles ; les prisons sont pleines ; les galères et les ghettos aussi ; la peine de mort triomphe ; la torture ronronne dans l'huile ; l'indifférence devient une vertu maîtresse ; on gifle les enfants, on les frappe, on les tue, on les viole ; les religions poussent à l'abus ou au crime sexuel, bref, je ne vois vraiment pas ce qui pourrait le déprimer. »

D'où vient alors le malaise du Diable ? Tout son entourage le réconforte : l'homme est plus cruel que jamais, et son intelligence fait des prouesses. Regardez l'holocauste ! Un miracle de la chimie et du sadisme ! On a atteint un palier. Comment faire mieux ? Les conseillers du Diable réfléchissent. Un éclair jaillit. Le Mal a changé de nature. Chacun veut le Bien, le sien, et le Mal s'est dilué, il est collégial, comme la bêtise. Personne n'est responsable, tout se décide ensemble. « C'est pas moi, c'est lui », donc, c'est personne. Dieu étant absent, invisible, hors du monde, comment le différencier du Diable ? Les deux semblent échapper à la perception habituelle des humains. Ceux-ci ne font plus la différence : le Mal se mêle au Bien, et réciproquement. Ceux qui font le Mal veulent le Bien, ils sacrifient au moindre mal, et ceux qui recherchent le Bien n'écoutent que leurs propres intérêts, et c'est le Mal. Ont-ils vraiment voulu le Mal qu'ils ont causé ? Ils se sont trompés, pas davantage. Le Mal authentique se doit d'être voulu, intentionnel, mais si on le commet au nom du Bien, alors comment s'y retrouver ? Pour que la tragédie du Mal se produise, pour qu'il y ait tragédie tout court, il faut que les différences essentielles, celles que toute l'humanité défend, soient bafouées, violées. Le respect de la vie, les liens de parenté, la propriété, doivent être écrasés. Du viol, de l'inceste, du meurtre, voilà ce qui fait les grandes tragédies ! Mais tout ce Mal rationalisé en Bien, cette indifférenciation des deux, même à grande échelle, ce n'est plus diabolique, c'est du Mal qui a honte. Le Diable est triste : on ne le reconnaît plus comme tel, il est repoussé dans l'invisible, avec Dieu, son œuvre diabolique est méconnue. On ne veut plus l'assumer. Il n'y a que des responsables, mais plus de coupables. Tout le monde a raison, en tout cas chacun en est convaincu. Si Dieu s'est retiré du monde, comment encore attribuer ce qui Lui revient de droit, le Bien, et l'opposer clairement au Mal ? Le Diable peut-il encore être lui-même et jouer pleinement son rôle, si on ne le reconnaît même plus tel qu'il est ? Normal qu'il déprime, là-haut, au milieu de ses sbires ! Il est « invisible, comme Lui (Dieu) là-haut ». La décision du Diable est prise : il faut qu'il se manifeste, se fasse reconnaître. Le tragique c'est qu'il n'y a plus de tragédie. C'est la nature qui s'emballe, les peuples qui se haïssent, les êtres qui se heurtent. Le Diable semble étranger à tout cela. Alors, que faire ? Soudain, le Diable rit : il a trouvé la solution. « Que leur envoie-t-il, demande son majordome ? Un nouveau virus ? Une guerre mondiale ? Une catastrophe naturelle ? » Et le Diable de répondre : « Mieux : des penseurs. »

Cette très belle et courte pièce résume bien le *cycle de l'invisible* et annonce le *cycle de l'humain* qui va lui faire suite. Le Bien cède la place au Mal. L'invisible ne se voit pas, et si on ne le recherche pas, il ne peut apparaître parmi les hommes. Le règne de l'indifférenciation du Bien et du Mal s'ensuit. Et qui ne peut que triompher de l'amalgame, de la facilité ? Le Mal. Car en se retirant comme l'a fait Dieu, le Mal n'est plus visible non plus, et l'homme est plongé dans l'errance qui indétermine les deux. Plus de critère. Que de la confusion. En ne pouvant plus faire la différence entre les bonnes différences et les mauvaises, comment l'homme va-t-il pouvoir s'y retrouver ? Dans la tragédie, le châtiment rattrapait le coupable. Mais si les différences les plus sacrées sont nivelées au rang des autres, sans justification, la morale s'efface. Il faut bien que le droit prenne la place de la morale pour régler les conflits qui découlent du vide des consciences. Dès lors, si l'on veut retrouver l'alternative du Bien et du Mal, tels qu'ils s'incarnent dans de nombreuses alternatives où se jouent les grandes questions de l'existence, il faut surtout ne pas en aplatir les termes. Or, les penseurs sont les agents de cet écrasement, puisqu'ils justifient tout. Souvenons-nous de nos staliniens et de nos fascistes. Se posaient-ils des questions ? Non, ils avaient les réponses et rien ne pouvait les ébranler. Le vrai penseur se doit d'être un questionneur. Donc, il faut changer la pensée. Les hommes aiment les réponses, les certitudes, les dogmes. Ils nourrissent les idéologies, ils produisent des crimes en leur nom. Le penseur qui ne questionne pas est pour Schmitt le Diable sur terre. Il tue les questions. Socrate est mort d'avoir questionné les puissants, Jésus également. Oublions de juger. Un jugement est trop souvent une réponse sans question. Sachons que toute réponse est bien *réponse*, donc, qu'elle exprime une question, qu'elle y renvoie d'une façon ou d'une autre. L'invisible est la question qui est occultée dans les réponses constituées, que sédimente le quotidien, c'est l'ouverture qu'il ne faut pas négliger, voire le doute qu'il faut entretenir. Le Bien est loin d'être ce qu'il y a de plus sûr dans toute décision, dans tout choix. Il faut s'interroger avant de répondre, et non répondre pour ne plus avoir à s'interroger. Le penseur, sinon, est un danger. Il peut nous convaincre de tout, même du pire si on n'y prend garde. La différence du Bien et du Mal ne peut être abolie comme ça, par un beau raisonnement. Il faut que leur opposition demeure, comme une question vivace qu'aucune réponse ne saurait abolir. Faisons échec au Diable, au Mal, aux illusions, aux erreurs, aux abus, aux prétentions, aux fantasmes de toute-puissance qui se réalisent « pour notre bien », c'est-à-dire sur notre dos. Acceptons la problématicité des choses, des êtres et ne cherchons pas trop la certitude qui rassure parce que c'est le chemin de la facilité. Les différences essentielles doivent le rester, sans ambiguïté. Il faut s'interroger pour les découvrir et les préserver. Aucune idéologie, aucune religion, ne peut donner *la* réponse. Dès lors, elles font problème. Mais les hommes n'aiment guère renoncer aux facilités de la pensée. Le Mal est inévitable. Surtout à une époque où les frontières sont difficiles à établir, faute de critère. C'est ce que Schmitt va explorer dans le *cycle de l'humain*.

Le cycle de l'humain et de l'inhumain

l'homme aux prises avec ses démons

Le cycle de l'invisible était-il un voyage au pays du Bien, comme le cycle de l'humain sera celui de l'homme en proie à ses démons ? Pour mieux envisager la question de l'articulation des deux cycles, il nous faut revenir sur l'invisible, donc sur les religions.

Schmitt a envisagé le christianisme dans Oscar, *le bouddhisme dans* Milarepa, *le judaïsme dans* L'Enfant de Noé, *l'islam dans* Monsieur Ibrahim. *Chaque fois, pour illustrer l'absence de Dieu. Nos réponses sont d'ailleurs taillées pour cerner le visible, exprimer ce qui est sûr, comme l'est le monde bien tangible de tous les jours. L'incertain, l'indéterminé, bref, le problématique, ne se laisse guère appréhender. Alors, on préfère l'oublier, on le néglige, on ne s'en soucie guère, et si on l'invoque, c'est parce qu'il ne se manifeste pas comme il le devrait, ou comme on le voudrait, notamment quand il y a des persécutions.*

Pourquoi cette présence constante de la religion et de l'absence de Dieu dans ce cycle ? Cela pose bien sûr une question fondamentale, et même paradoxale. Nous vivons dans un siècle sans Dieu, mais dans un monde où le religieux est redevenu omniprésent. On doit alors se demander cette chose apparemment toute simple : qu'est-ce qu'une religion ?

Un groupe humain ne peut se constituer que sur base d'une identité, reconnue, où chacun se retrouve et retrouve l'Autre, un Autre qu'il est d'ailleurs lui-même... pour l'Autre. La différence est contraire au groupe parce qu'elle contrevient à son identité. D'où vient celle-ci, sinon de quelqu'un qui va se placer en extériorité pour la définir, la symboliser, la représenter, l'incarner ? Traditionnellement, ce rôle est dévolu à la royauté. Mais qui est assez fou pour vouloir incarner une différence, sachant qu'il se met en marge de la société en se mettant ainsi en avant, ou plutôt à l'extérieur du groupe ? En étant ainsi différent des autres, le Roi devient impur et sacré à la fois, ce qui fait qu'on le sacrifiait au changement de saison, permettant ainsi à la communauté de retrouver son identité. La différence est donc essentielle, encore que difficile à tolérer. En cela, rien n'a vraiment changé dans nos sociétés développées, même si on ne tue plus les rois. Mais on aime encore bien voir les puissants chuter, les politiques se faire condamner, les princesses divorcer, et les stars pleurer sur leurs amours malheureuses, ce qui les rapproche de nous.

Comment les hommes ont-ils fait pour accepter la différence qu'ils rejettent ? En dissociant le sacré du sacrifice, désormais réservé à une victime-émissaire, substitut symbolique et inférieur du pouvoir. Le sacré, c'est alors la différence qui consacre un être intouchable. Dorénavant, le Roi est protégé : il relève d'un autre plan, ce qui le met hors d'atteinte du commun des mortels. Le pouvoir ne sera considéré comme légitime que si le personnage qui l'assume s'en trouve sacralisé. C'est Louis XIV qui devient monarque de droit divin, c'est Pharaon qui est l'incarnation du dieu Horus, c'est César qui descend de la famille de Vénus, c'est Napoléon qui prend la couronne de la main du pape pour se la poser sur la tête, c'est le Président qui se fait élire, donc sacraliser par la nation qui l'a choisi. Mais il y a plus. La différence, incarnée dans un individu qui se positionne ce faisant en dehors du groupe, et le symbolise, exprime aussi l'identité singulière de chacun. Être, c'est être différent des autres, car on ne se réduit pas à être membre d'un groupe ; on est aussi soi-même, irréductiblement autre que tous les autres. Le sacré s'étend à d'autres différences, dont notre individualité. Le sacré sert aussi à protéger l'être de chacun, c'est-à-dire notre existence. Aura-t-on vraiment le droit d'être autre, différent, si la différence n'est pas reconnue comme sacrée, donc protégée ? La haine de la différence est un Mal, le Mal même. On sait à quels crimes elle conduit.

Et la religion dans tout cela ? Elle semble étrangère aux considérations que nous venons de faire. Et pourtant, si l'on y regarde bien, on est au cœur du religieux. Exclure la différence et la cultiver pour que le groupe puisse avoir une réalité et se rassembler sous une même bannière, c'est contradictoire. Il faut donc trouver un moyen pour rendre acceptables cette différence, cette extériorité, donc l'individualité de chacun. C'est la mission de la religion. Elle y parvient en se situant à partir d'un point de vue extérieur, incarné dans un être différent, où chacun puise le sentiment de son identité. La religion, en mettant à distance la différence, sous la forme d'un Absolu, permet à l'identité de se réaliser. Elle rend acceptable l'altérité. Or, l'Autre en nous, c'est le corps. Le corps, en tant qu'il est mis à distance, permet à chacun d'être autre chose qu'un être biologique, fait d'instincts et de contraintes animales plus ou moins déplaisantes, un être dominé par le corps. On peut être soi, à savoir une personne qui, en tant que telle, a sa personnalité. La religion singularise l'humain et lui est aussi nécessaire que le fait d'avoir un corps : les deux sont liés ; c'est sans doute cela le paradoxe de l'esprit. Il est en s'opposant. Quant à l'Autre hors de nous, ce sont les autres tout simplement. Le respect du divin oblige-t-il à les aimer ? À tout le moins à les respecter dans leur différence qui, étant leur identité, est aussi la nôtre.

Le sacré est cette différence sur laquelle s'appuie le religieux, tandis que le profane définit l'identité de la communauté : celle-ci a besoin de celui-là pour se conforter et trouver une légitimité à ses propres yeux. La différence du sacré et du profane légitime les différences qui s'imposent, à l'image du sacré qui est source de toute différence légitime. Chez les Grecs, ce que font les dieux est sacré et les hommes ne doivent pas le faire. Zeus émascule son père et entreprend sa mère, mais comme Œdipe est un mortel, il ne peut agir comme s'il était un dieu. Le sacré sert d'exemple, par sa distance. Les rites permettent de se l'approprier, et en les pratiquant, les hommes espèrent s'attirer les faveurs des dieux pour qu'ils agissent dans l'intérêt de la communauté. Le respect naît avec le divin, la crainte aussi, tout comme l'espérance. La religion répond au souci de concilier la conscience collective, comme disait Durkheim, et la conscience individuelle, faisant se rejoindre l'immanence et la transcendance, le profane et le sacré. Le rituel dans la religion sert à sanctifier les différences, pour que l'identité soit possible, et que l'action heureuse et juste le soit également. Par la religion, la différence s'avère acceptable. Pour Moi, c'est tout simplement l'Autre, donc également l'Autre que je suis pour moi, mais aussi l'Autre que je suis pour les autres. Et dans sa différence pure, qu'est-ce que l'Autre, sinon Dieu ? Par contre, pour moi, comme individu vivant, l'Autre en moi, que je suis et ne veux pas être, au départ c'est le corps, l'animalité biologique qui m'habite et me condamne à mourir. En acceptant l'Autre, le divin, je puis du même coup accepter mon corps, ou plutôt le corps, la différence, en le mettant à distance, jusqu'à espérer une survie non corporelle. La religion, qui consacre la différence en la sacralisant, ne peut donc que prôner le respect du corps, et en bannir toute profanation (la passion du Christ est une telle profanation, puisqu'il est crucifié). L'ennemi du divin viole les corps : un tortionnaire s'attaque aux corps. Le divin a besoin de s'incarner, symbolisant la différence sacrée pour l'homme, l'énigme de son existence sur terre : il lui faut être un corps, car le corps est sacré. C'est à cela qu'on voit qu'une religion est bonne : Oscar est malade ; Ibrahim termine sa vie, Mamie Rose est vieille ; Joseph est menacé dans son existence physique en tant que juif et le père Pons le protège physiquement, Milarepa dompte sa corporéité. Bref, ne pas prendre soin du corps de l'Autre, voire s'en prendre à lui, lui imposer des contraintes, c'est un dévoiement religieux, c'est même du fondamentalisme. La question de la différence, qu'est le corps pour chacun d'entre nous, est alors celle de l'identité, la mienne, la vôtre, et le divin est ce qui transcende le corps pour lui donner sens. C'est l'âme ou le salut, peu importe comment on l'appelle. Schmitt le dénomme l'invisible. Car on ne voit des autres que le corps, et la question que le corps nous adresse, en tant que visible, est celle de l'invisible. Cette question est vivante pour nous comme pour les autres. L'identité n'est plus donnée, elle est à trouver. On la cherche. Toutes les religions ont voulu négocier le corps, et ont affirmé le divin comme l'identité qui permet de le refouler comme problème, donc de l'évacuer et de le maîtriser comme obstacle et comme nécessité. Si le corps est le mal, si le mal c'est heurter et brutaliser le corps, souffrir, mourir, disparaître, alors refouler le corps consiste à parvenir à le mettre à distance. Et le Bien est alors se sentir bien : quand je suis en bonne santé, je ne sens même pas que j'ai un corps. Le plaisir lui-même, quand il prend ses racines dans le corps, ne se limite pas à de l'instinct mais est humanisé, raffiné, socialisé, bref, il est vécu comme une différence, comme l'est l'amour pour l'instinct de reproduction ou l'art culinaire pour la nécessité de se nourrir. Grâce au plaisir, le corps ne nous semble plus un problème ni un poids.

À notre époque, où l'on proclame la mort de Dieu et l'inanité des religions qui contraignent les fidèles et poussent certains à l'intolérance criminelle, on a tendance sinon à rejeter la religion, ou les religions, du moins à s'en méfier. En tout cas, elle n'est plus une solution, même si ce sont encore des réponses. Reste la question qu'elles posent : l'invisible. Qu'en est-il de ce que l'on ne voit pas et qui nous fait agir ? Appelons cela Dieu, le Bien, le mystère, c'est en tout cas quelque chose qui transcende tout ce qui est visible, une différence qui est féconde d'identité. C'est à tout le moins quelque chose qui met en branle un questionnement. Cela incite la pensée à ne pas se limiter à ce qui est déjà là, offert au regard de tous. L'invisible est déterminant dans le rapport qu'entretiennent les hommes entre eux. Pour être soi, il faut les Autres, ces mêmes Autres dont nous ne voulons pas pour être nous-mêmes. Contradiction ? Accepter la différence pour trouver son identité implique qu'on surmonte l'opposition que nous venons de décrire. Le miracle de ce mouvement vers l'Autre, qui fait qu'on est alors pleinement soi, est le Bien. Ce n'est pas le plus facile à faire, mais c'est le plus évident. C'est la seule manière de négocier nos différences pour trouver une identité commune. Pensons au Père Pons : sauver les enfants juifs poursuivis par les Allemands s'imposait à lui tout naturellement, mais il fallait du courage. Le Bien a beau être évident pour certains, il pose problème à beaucoup : pourquoi risquerais-je ma vie, ou même ma tranquillité ? Réponse : parce qu'on ne peut se limiter aux évidences de l'ordre social, politique, aux normes en vigueur, aux intérêts et aux seules satisfactions d'une vie sans histoires. On ne peut se borner à cultiver les réponses toutes faites : elles sont réponses, elles renvoient à des questions qu'elles n'épuisent jamais. La réalité est précisément ce qu'aucune réponse ne peut abolir, résoudre, puisqu'elle est précisément ce qui en est indépendant. Le réel ne peut s'imposer à nous que par des questions, qui déterminent ce qu'il est, et les réponses permettent de s'en faire une représentation et même de l'expliquer. Mais une fois cela accompli, les questions, qui ont servi d'échelle pour accéder à la réalité, deviennent superflues, et les réponses cessent de se présenter comme réponses, pour ne laisser voir que ce qui y était en question, un « ce qui » où se noue l'objectivité des êtres, de l'être. La réalité devient autonome, se détache du questionnement dont l'homme a eu besoin pour y pénétrer. C'est d'ailleurs ainsi que nous concevons la réalité : comme quelque chose qui n'a pas besoin de nous pour être ce qu'elle est ; au contraire, c'est elle qui alimente nos problèmes et nous oblige à y faire face. La réalité est irréductible aux questions comme aux réponses qui s'ensuivent, même si, pour nous, elle en émerge. Elle demeure ce dont il est question dans nos réponses, et celles-ci ne sauraient donc l'abolir. La recherche des réponses ne s'arrête jamais : c'est cela l'Histoire. Quand on considère cet excédent d'interrogativité qui se se perpétue au creux des réponses les plus sûres, on n'est pas loin du mystère du monde, qui interpelle les hommes par-delà leurs différences de culture et de religion. On est tous en proie à un questionnement infini. Faut-il en appeler la source « Dieu » ? Oui, si c'est le nom d'une distance incompressible. Dieu est alors le nom de l'inconnu, de la question pure qui rebondit sans cesse au détour des positivités de la vie quotidienne, comme un manque inscrit au cœur du réel comme le signe d'une réalité qui s'y cache. Dieu est un concept vide pour une pensée qui ne prétend connaître des choses que leur positivité tangible, et qui se définit traditionnellement en se limitant à cette positivité, refoulant le questionnement de toutes ces interrogations qu'elle suscite. Celles-ci renvoient à l'interrogativité inépuisable du réel. Ou alors répondons « non », oublions ce concept de « Dieu », si le mot n'ajoute rien à l'idée de questionnement infini des choses et des êtres, sauf la nécessité d'une religion. Pour réconcilier croyants et non-croyants, disons simplement que se référer au questionnement suffit. Ce qui est intéressant, chez Schmitt, est le contraste permanent qu'il fait entre le Bien et le Mal, montrant par là que les contours des deux sont problématiques. Il ne donne pas de réponse tranchée : il montre que le problème se pose, et à la question « Que faire ? », il souligne que chaque religion a répondu à sa façon. Les religions, dans la mesure où elles font place à l'Autre, s'avèrent utiles à défaut d'être vraies. Mais le mystère du Bien demeure. D'où la nécessaire confrontation au Mal, qui détruit, d'abord le corps, puis l'âme, à moins que ce ne soit l'inverse.

Si vous n'avez pas vu tout ce qu'il y a de bien dans la diversité des cultures, observez maintenant ceux qui ont écrasé la différence, s'attaquant au corps, à l'Autre, et vous aurez vu le Mal à l'œuvre.

Le calvaire du corps

Que devient le pauvre Faust quand le Diable prend possession de son âme ? Étrangement, c'est à son corps qu'il va s'en prendre, le remodelant pour en faire une œuvre parfaite, digne des plus grands musées. C'est l'histoire que raconte Schmitt dans son beau roman *Lorsque j'étais une œuvre d'art*. « Appelez-moi Zeus, tout simplement », dit l'homme qui vient de sauver Firelli du suicide. Il s'appelle en réalité Zeus Peter Lama, et il est obsédé par la beauté. Il veut créer une œuvre d'art en façonnant complètement le corps et le visage de cet homme, qu'il rebaptisera *Adam Bis*. Firelli est le frère de deux garçons réputés partout pour leur beauté, mais lui est franchement laid. « Je ne souhaite à personne de cohabiter dès l'enfance avec la beauté. Entrevue rarement, la beauté illumine le monde. Côtoyée au quotidien, elle blesse, brûle et crée des plaies qui ne cicatrisent jamais. » Personne ne s'intéresse à lui, et c'est pour cette raison qu'il a voulu se jeter d'une falaise. Zeus est diabolique : il veut recréer Adam (bis), en faire une œuvre d'art parfaite. Il se prend pour Dieu, mais il est le Diable. Comment faire la différence entre les deux, si on ne reconnaît plus le premier ? La différence entre ce qui est bien et ce qui ne l'est pas s'estompant, le mal a le champ libre. La beauté, ici, sera une imposture, car Zeus va refaire entièrement Firelli à coup de scalpel et de piqûres. Il l'expose dans les musées et va mettre une combine sur pied pour le vendre à un prix exorbitant à l'État, sans se soucier de la liberté et de la volonté d'Adam. Zeus, c'est l'inverse de Dieu qui a fait l'homme libre, il est le Mal qui asservit. On voit ainsi se dérouler sous nos yeux toute une chaîne d'indifférenciation, d'amalgames : le Diable se prend pour Dieu, le laid se mue en beauté, ce qui est corporel est institué œuvre d'art. Adam a vendu son âme au Diable lequel n'en veut qu'à son corps ; c'est cela qui est diabolique. Tout vaut tout, et plus rien ne vaut rien. Zeus doit faire un coup de bluff pour vendre cher, très cher, la statue vivante d'*Adam Bis*, en organisant un faux vol. Adam va alors rencontrer une jeune fille, Fiona, dont le père, lui, est un véritable artiste. Aveugle, il voit l'invisible et a appris à faire les différences dans cette société qui indifférencie tout. Adam, vendu comme un vulgaire objet au Musée pour un prix gonflé, pourra-t-il retrouver sa liberté ? Zeus devra reconnaître devant le tribunal que la sculpture d'Adam est un faux, sinon Fiona dénoncera ses crimes. « Je suis donc libre ? Demande Adam. Évidemment, puisque tu ne vaux plus rien. » Fiona et Adam pourront alors vivre ensemble.

Lorsque j'étais une œuvre d'art est un livre sans équivalent dans l'histoire de la littérature, même si c'est un roman contemporain sur le contemporain, sur l'esprit du temps. Il raconte le calvaire d'un l'homme qui devient son propre corps, un corps refaçonné en œuvre d'art au mépris de tout respect pour son humanité. Malléable, transformable, il n'est plus qu'un corps sans âme, entre les mains d'un esprit diabolique dont le génie tient avant tout à son manque de scrupule dans la transgression. Corps trituré, corps torturé. Le tout pour se faire un nom et de l'argent, beaucoup d'argent. Zeus se croit tout permis. C'était déjà comme cela dans les pièces antiques : chez Eschyle, Zeus condamne le pauvre Prométhée à avoir le foie dévoré jour après jour par un aigle pour avoir donné le feu aux hommes. Zeus n'hésite pas non plus à prendre l'apparence physique d'Amphitryon pour engrosser sa femme pendant son absence. Les dieux qui sont visibles sont trop humains pour qu'on leur fasse confiance. C'est sans doute pour cela que les hommes ont inventé le monothéisme : pour se préserver de leurs interventions, de leurs vices, de leur lubricité. L'homme n'a pu se libérer qu'en concevant un Dieu qui l'avait fait libre, instaurant ainsi une différence qui le sauvegarde de toute intrusion, une distance salutaire. Et le Diable ? Il symbolise l'effraction. Il ignore l'abîme qui doit séparer les hommes et les puissances surnaturelles, il marque d'ailleurs sa différence en gommant toute différence. Le Mal est alors inévitable.

Dans ce roman, Schmitt nous offre une méditation qui va au-delà du thème de Faust, de l'esclavage de l'homme qui a remis son destin entre les mains perverses du Diable. Ce livre est une méditation sur le corps, la beauté et l'art dans une société qui nivelle tout.

Son roman pose plusieurs questions essentielles : pourquoi le corps humain ne pourrait-il être une œuvre d'art comme les autres, et, autre question, pourquoi tout n'est-il pas permis pour choquer et faire croire qu'on a inventé quelque chose ? Depuis toujours, la représentation du corps vise à faire prendre conscience de l'invisible, de l'incorporel. Pensons aux statues grecques, dont la nudité servait à souligner, malgré la ressemblance physique avec les hommes en chair et en os, qu'on avait affaire à des dieux. L'art souligne la différence, non l'identité. Magritte ne disait-il pas, peignant une pipe, que « ceci n'est pas une pipe » mais un tableau ? Pensons également aux femmes et aux hommes nus, peints ou sculptés, de la Renaissance italienne. Ils incarnaient, malgré la ressemblance avec des êtres réels, des créatures purement mythologiques. Ce que Schmitt met en scène dans son roman est l'opposé, il construit une situation où l'art s'efforcerait de dire le corps, et rien que le corps. Cette subversion, qui devient une perversion, est révélatrice de ce qui se passe en art aujourd'hui. Tout objet peut être décrété œuvre d'art. Il suffit de le proclamer, comme en art conceptuel, ou encore de le mettre dans un musée, où il sera considéré comme une œuvre d'art de ce seul fait, institutionnel en l'occurrence. Créer de l'art, de la différence, avec de la banalité, est typique du monde contemporain, et l'on retrouve d'ailleurs ce même phénomène à d'autres niveaux de culture. Le moindre « penseur » qui passe à la télévision pour y étaler ses opinions personnelles se prend pour Kant. Le moindre romancier qui récolte un prix lors de la saison des vendanges se croit Proust ou Joyce. L'indifférenciation règne à tous les niveaux de la création culturelle, où le trop tue le meilleur, en tout cas le laisse dans l'ombre. Il n'y a encore une fois que le temps pour faire justice. « Qui sait aujourd'hui ce qu'a réalisé Zeus-Peter Lama ? Qui connaît encore son nom ? Souvent, en rédigeant ce récit, j'ai douté qu'un éditeur s'intéresse à mes mémoires », écrit notre narrateur, Adam. Mais dans un monde où tout vaut tout, comment distinguer le bon du mauvais, en art comme dans la vie ? Il faut de la pub pour émerger, puisque la quantité des choses à voir, à lire, à penser, occulte la qualité. L'art n'est plus que commerce de l'art. La valeur, c'est ce que coûte l'œuvre. « Adam était victime de notre époque. Ou plutôt du discours que notre époque tient sur elle-même. On nous dit que l'apparence est importante. On nous propose d'acheter des biens et des services qui changent ou améliorent notre apparence. Je suppose qu'Adam, comme tant d'autres, est tombé dans ce piège. » Dès lors, si tout est équivalent à n'importe quoi, un être humain peut bien être traité comme une chose. À propos d'Adam : « Non seulement on ne peut pas prouver que vous [Adam] êtes un homme aujourd'hui, mais on ne peut pas prouver que vous en étiez un avant. » En quoi consiste encore l'identité quand tout est en changement constant ? Un corps peut-il être de l'art ? Mais l'art, c'est autre chose.

Il faut distinguer la beauté, donc les qualités esthétiques où elle s'enracine, de l'œuvre d'art, sans quoi on risque de tomber dans la confusion qu'exploite Zeus-Peter Lama en prenant le corps humain pour une œuvre d'art possible. Alors, allons-y, posons les grandes questions ; toute l'œuvre de Schmitt nous y convie. Qu'est-ce que l'art ? Première réponse, approximative sans doute : l'art sert à rendre l'Histoire présente. Je peux lire ce que je veux sur Napoléon ou Auguste, ils appartiennent définitivement au passé et je ne les verrai donc jamais, en chair et en os, malgré toute l'information que je peux accumuler sur eux. Par contre, en me promenant sur le Forum romain, ce monde disparu envahit mon présent comme s'il m'était encore contemporain. N'est-ce pas la même chose qui se produit quand je vois les œuvres de Léonard, celles de Picasso, ou l'Acropole à Athènes ? Néanmoins, l'œuvre d'art m'interpelle par la distance qu'elle crée, par les questions multiples qu'elle éveille en chacun, malgré la contemporanéité dans laquelle elle plonge spectateurs, auditeurs ou lecteurs. Elle demeure énigmatique, même quand elle répond à mes attentes esthétiques, toujours limitées parce que je suis cantonné à une époque don née. La beauté, par contre, n'a pas besoin forcément d'être de l'art : un joli paysage, une belle femme, ne sont pas des œuvres d'art. Et il y a des œuvres d'art de tout premier plan, comme la peinture de Bosch par exemple, qui incarnent l'horreur et la laideur. Qu'est-ce alors que la beauté ? L'idée de beauté se rapporte en général à un ensemble de propriétés qui sont « dans » l'objet ou qui semblent appartenir à l'être dit beau. Mises ensemble, elles entretiennent des rapports qui font question, comme l'harmonie ou l'unité, qui donnent lieu à des concepts de second degré, qui sont comme des évaluations, car l'harmonie, par exemple, pose la question de savoir ce qui est harmonieux dans l'objet. Si l'on ne disposait pas de l'idée de beauté, on devrait se poser toutes ces ques tions. Quels sont les rapports qu'entretiennent les attributs de l'objet, entre eux mais aussi par rapport à l'objet même ? Le beau permet de faire l'économie de cette quête, alors que l'œuvre d'art nous *demande* de le faire. Le beau est comme un résumé, un condensé, c'est donc une réponse qui abolit les questions posées au spectateur. Grâce à quoi, celui-ci ne doit pas les résoudre : il admire, il contemple. La beauté est précisément le concept qui permet de se dispenser de rapporter tout ce qui caractérise l'objet comme tel, ses attributs en somme, à son support physique, à son apparence. Si le beau se présente comme un condensé de rapports, de mises en correspondances d'idées, qui suppriment les questions soulevées par l'objet sur lui-même et ses attributs spécifiques, c'est parce que le beau abolit toute distance entre cette réflexion sur l'objet et l'objet lui-même. On a alors l'impression quasi instantanée que c'est l'objet lui-même qui est beau, que sa beauté fait partie de lui, comme sa taille, sa couleur, ou sa forme. J'ignore pourquoi cette femme est belle : elle l'est pour toute une série de raisons sur lesquelles je ne m'interroge même pas ; sa beauté la met à part, à distance, comme souveraine, mais je suis incapable de dire pourquoi ni de conceptualiser tout ce qui la rend belle. L'impression est globale, mais je suis certain que cela tient à un ensemble de traits physiques et mentaux qui s'entremêlent et s'équilibrent en elle, sans que je puisse les détailler un à un.

L'œuvre d'art peut être belle pour toutes les raisons que l'on vient de préciser, mais en art, l'énigme demeure, ce qui fait que le concept de beauté ne saurait épuiser la nature de l'art. Zeus Peter-Lama a donc tout faux : il s'abandonne à l'équation « beau=art=corps humain ». Le corps humain est beau en ce qu'il évoque la possibilité d'un rapprochement possible, par la tentation permanente qu'il suscite (d'où le strip-tease, ou plus simplement la mini-jupe, qui offre à voir pour mieux cacher ce qu'elle suggère et invite à imaginer...). En tant qu'œuvre d'art, le corps doit faire l'inverse, et instaurer une distance – ce qui est le cas grâce à la pierre que l'on sculpte ou à la toile que l'on peint – plutôt que son abolition possible. C'est pour cela que le corps humain *vivant* peut être fort beau, mais qu'il ne sera jamais une œuvre d'art. Cela rappelle ce que disait Kant à propos du chant du rossignol : il est d'une beauté émouvante, certes, mais si l'on découvre que c'est un homme qui le contrefait, tout le charme disparaît, faute de différence entre l'homme et le rossignol. Façonner le corps même d'un être humain, le travailler pour susciter l'étonnement, en lui insufflant une hypothétique perfection immanente, échouera toujours à en faire une œuvre d'art, indépendamment de l'asservissement que cela suppose. D'ailleurs, *Adam Bis* se délite, ses contours se défont, ses plaies suppurent; corporel, il est voué à la déchéance. Le Diable fait le Mal en donnant au corps un faux aspect de réponse, alors qu'il est toujours pour l'homme un problème auquel il doit faire face de façon continue et diverse. Le Diable, pour se démarquer de Dieu, doit dédiviniser le corps, en lui infligeant un sort qui réduit l'humain à ce qui n'est pas lui à proprement parler. Le Diable crée *sa* différence en abolissant les bonnes différences, celle du Soi et de l'Autre en nous, il annihile l'identité de l'homme en tant qu'homme ; il est violence et perversion. Le corps perd sa distance avec le Soi en devenant le Soi sous le scalpel de Zeus-Peter Lama. Le Mal est ici la mauvaise différence que l'on fait resurgir : le corps comme résumé de la personnalité, qu'on anéantit dans l'esclavage des apparences. Ce qui est diabolique est la confusion de l'apparence et de la réalité, des fausses valeurs et des vraies. Quand le corps est le maître, la déchéance n'est pas loin. C'est cela le coup de génie du Diable quand il tient Faust entre ses mains. Il ne prend pas son âme, il le réduit à un corps. Ce que font les tortionnaires de tous bords. Pour vivre avec son corps, il faut marquer de la distance, ce qui permet de s'en rendre maître, même si l'opération est à répéter régulièrement, chaque jour. Le maquillage, l'élégance, l'alimentation, le sport, que sais-je encore, illustrent cette réalité. Quand c'est le corps qui domine au lieu d'être dominé, l'individu est l'esclave d'une altérité, d'une différence, vis-à-vis de laquelle il a perdu toute distance. L'art maintient la différence. D'ailleurs, beaucoup d'hommes qui vivent avec de très belles femmes ne s'en rendent même plus compte au bout d'un certain temps, en raison de la proximité issue de la vie quotidienne. Ils ont même parfois des maîtresses bien moins jolies que leur légitime. Mais ça, c'est un constat fait de l'extérieur, car eux ne pensent pas cela du tout. La beauté de leur épouse s'est comme effacée dans le quotidien, comme par usure, par le frottement des âmes et des corps. Toute distance a disparu, celle qui importe pour *voir* ce qui est beaú Le beau est, paradoxalement, l'invisible dans le corporel, et le plaisir esthétique est la promesse de pouvoir abolir la distance, donc d'accéder par le corps à quelque chose qui n'est pas lui.

Le Diable se manifeste par la confusion des différences. Le corps est ainsi son champ de prédilection. C'est là une grande découverte, dont Schmitt a su tirer quelques-unes unes de ses plus belles œuvres, pour illustrer ce phénomène qu'il est l'un des rares écrivains à avoir perçu de la sorte. On le voit encore dans son livre sur Hitler, *La part de l'autre*. Et si Hitler avait réussi son concours à l'Académie de dessin ? Serait-il devenu le boucher du XXe siècle ? Pour répondre à cette question, Schmitt se livre à une expérience de pensée, comme Claude Bernard qui fait de la médecine expérimentale en testant les alternatives. Il imagine un Hitler qui réussit, qui se fait psychanalyser par Freud pour soigner sa peur du corps féminin, qui le trouble, surtout quand il faut le peindre nu. Ce n'est pas Hitler, c'est un homme qui réussit. Le Hitler que l'on connaît est un raté, il hait la différence, donc il devient antisémite. Il n'existera que dans la guerre, celle de 1914, qui lui permet d'être quelqu'un. Enfin.

Schmitt illustre ici une des réalités fondamentales de nos sociétés bourgeoises : la haine de l'Autre, le rejet de la différence, qui suscite envie et jalousie. La médiocrité qui produit l'échec, et l'échec, la frustration. Tout le monde étant l'égal de chacun, la différence est vécue comme une offense, et la médiocrité comme une injustice. Réussir est un péché qu'il faut expier. L'hitlérisme est la radicalisation de cette tendance, dans une société militarisée, avec ses hiérarchies intangibles devenues insupportables après la défaite de 1918. Ce qui est frappant, dans cette incarnation du Mal qu'est Hitler, est encore une fois le rapport ambigu au corps. Hitler en a peur : il ne l'a pas mis à distance, il s'en détourne, pathologiquement, son rapport à autrui ne peut en être que destructeur. Cela indique un malaise vis-à-vis de soi-même, un rejet des autres, une volonté de nuire dont le nom d'Hitler est bien sûr le condensé par excellence. Sur le plan sociologique, le roman de Schmitt fait réfléchir sur la réussite dans des sociétés où la circulation sociale est problématique. Comme la compétence est rarement récompensée, n'importe quel médiocre peut se croire un grand homme. Après la Deuxième Guerre mondiale, les pays européens ont agi inversement et ont grand ouvert (du moins provisoirement) les canaux de l'ascension sociale à beaucoup d'individus sans compétence distinctive. Cela a mis de l'huile dans les rouages, mais cela a renforcé aussi les frustrations lorsque cette circulation sociale s'est ralentie sous l'effet des crises à répétition que l'on a connues depuis 1973. C'est ce qui rend l'analyse de Schmitt si terrifiante : devra-t-on faire réussir les médiocres pour éviter le retour d'un être plus déterminé que les autres à donner corps à ses projets de frustrations ?

Le troisième volet de la réflexion de Schmitt sur le Mal nous est confié dans l'un de ses plus beaux romans, *L'Évangile selon Pilate.* Là encore, tout tourne autour du corps. Une fois Jésus crucifié comme agitateur juif dans une province romaine en ébullition, certains se mettent à répandre la rumeur de sa disparition. Où est passé le corps ? Les fidèles auraient-ils donc raison ? Jésus aurait-il des pouvoirs surnaturels, parce qu'il serait d'essence divine ? Comment expliquer sinon que son tombeau est vide ?

Qui est Jésus ? Là encore, on va découvrir que l'identité est un problème. Au départ, Yéchoua est un petit garçon studieux et curieux, que son père aimerait voir devenir rabbi (rabbin). « Comme tous les enfants, je m'étais d'abord confondu avec Dieu. Jusqu'à sept ans, j'avais ignoré la résistance du monde. Je m'étais senti roi, tout-puissant, tout-connaissant et immortel... Se prendre pour Dieu, le penchant le plus ordinaire des enfants non battus. Grandir fut démentir. Grandir fut une chute. Je n'appris la condition d'adulte que par les blessures, les violences, les compromis et les désillusions. L'univers s'était désenchanté. Car qu'est-ce qu'un homme ? C'est simplement quelqu'un-qui-ne-peut-pas... Qui-ne-peut-pas tout savoir. Qui-ne-peut-pas tout faire. Qui-ne-peut-pas ne pas mourir. La connaissance de mes limites avait fêlé l'œuf de mon enfance : la lucidité m'avait fait grandir, c'est-à-dire rapetisser. À sept ans, je cessais définitivement d'être Dieu. » Commence une autre vie : « On m'appelait Yéchoua aux mille questions. Tout déclenchait mes interrogations. » Voyant toutes les misères et les plaintes des gens autour de lui, Yéchoua (Jésus) se dit « que Dieu était à faire ». Que de messies ! Jésus se rend compte que la religion est devenue une institution : « elle a perdu l'esprit pour la lettre ». Tout est littéral, donc plus rien ne pose question. Mais on n'arrête pas de lui en poser à lui, Yéchoua ! Il est très attiré par la belle Rébecca. Ils se fiancent, mais il remarque que son bonheur l'isole des autres. « Un soir, le bonheur m'est apparu insupportable. » Il rompt. Il ne veut pas non plus être rabbi. Être un sage, c'est tout ce qu'il souhaite pour lui-même. À côté de cela, il continue la menuiserie de son père.

Très vite, la popularité de Yéchoua croît, en même temps que l'animosité des orthodoxes en place. La dissolution du « Je » de Jésus se poursuit. « C'était moi et ce n'était pas moi. J'avais un corps et je n'en avais plus. » Bref, « Au fond de moi, ce n'est pas moi que je trouve. » Dieu n'est pas loin. Tout fait problème ? Est-il encore lui-même ? L'enfant ressuscité l'est-il vraiment, ou était-il seulement endormi ? Ce sont chaque fois les autres qui surinterprètent tout ce qu'il fait, ce qu'il est. On lui prête beaucoup de pouvoirs en tout cas. On le presse même de fonder un royaume, plus juste, plus à l'écoute de chacun. Ce n'est pas le choix de Yéchoua. Il se veut « fonctionnaire de Dieu », et seulement de Lui. Mais il devient dangereux. Arrivé à Jérusalem, il constate tout ce qui ne va pas : « L'apparence règne, la richesse s'étale, le culte lui-même doit être somptueux. » Il est vite impopulaire. La fin est proche.

Le livre ne s'arrête pas à la mort de Jésus. Pilate prend le relais. C'est lui le témoin, il raconte. Il écrit à son ami Titus, à Rome, pour lui confier dans le détail tout ce qui s'est passé et ce qu'il a dû faire, sans enthousiasme d'ailleurs, pour ne pas déplaire à l'Empereur, qui en a assez des Hébreux récalcitrants. Si on devait cataloguer Ponce Pilate, ou même si c'était lui qui le faisait, on dirait de lui qu'il est un réaliste. « La réalité, je la traque », dit-il. Il est l'homme du littéral, Jésus, du symbolique. Pourtant, aucun des deux ne semble accorder foi au miraculeux. On prête à Jésus ce qu'il ne s'attribue pas. Et Pilate est confronté également à la rumeur : où est passé le corps du Crucifié ? S'il ne le retrouve pas, le risque est grand de voir Yéchoua divinisé, et par conséquent, de faire passer ce message qu'on a voulu faire taire en se débarrassant de son auteur. Pilate mène l'enquête, mais il ne progresse guère. Pilate est seul, il prend peur. Il semble se retrouver exactement dans la même situation que Jésus. Quel paradoxe ! Claudia, la femme de Pilate, a même rejoint le rang des fidèles de Jésus. Elle illustre la déjudaïsation du message christique et sa romanisation, dont on sait qu'elle donnera naissance au christianisme proprement dit. Parce que Jésus parle à tout le monde, tout le monde se sent concerné. L'empereur, Tibère en l'occurrence, a beau se déclarer un dieu, il est étrangement humain, et même trop humain. La débauche et le crime n'ont jamais fait de dieux, sauf sur l'Olympe, mais on les craint alors d'autant plus. Bref, on n'est plus au temps des Grecs, les dieux se sont retirés, et ceux qui restent n'arrangent guère les affaires des gens de l'empire, qui ne va pas bien. Forte est alors la maxime qui affirme « Mon royaume n'est pas de ce monde ». Y aurait-il quelque chose, ou quelqu'un, ailleurs ? L'empereur ne peut être Dieu, même s'il faut « rendre à César ce qui appartient à César », donc Dieu est quelqu'un d'autre. C'est ce que Yéchoua a dit et répété à l'envi. Pilate craint un soulèvement des Juifs, un de plus, mais il a tort. Toutefois, c'est cette crainte qui le fait rechercher énergiquement le cadavre volatilisé. Que faire ? Le danger est ailleurs, il est autre, même. Pilate l'entrevoit. « Rome, pour rester Rome, ne peut pas lutter avec les armes de Rome. » Belle phrase pour dire que les lances et les glaives sont impuissants à contenir la soif de spiritualité dans un monde devenu trop pragmatique et violent. L'empereur Constantin s'en rendra compte, puisqu'il fera du christianisme la religion officielle de l'empire.

Mais qui était Yéchoua ? Question impossible à résoudre. Il ne le savait d'ailleurs pas lui-même, affirme Schmitt. Pilate a les mêmes interrogations sur son propre rôle, sur sa femme, sur Jésus. Tout s'obscurcit et fait désormais problème. Prophète ou messie, homme ou être d'origine divine, voire divin lui-même ? Jésus est pour Pilate le point d'interrogation de sa vie et cela rejaillit sur son destin à lui, Pilate. Peut-être, au fond, Jésus se cache-t-il, et n'est-il pas mort ? Pourtant, « le seul moyen d'être sage, c'est d'envisager la mort comme une fête ». Un sacrifice. Un acte d'amour. Mais l'empire ne peut reposer sur l'amour.

Pilate est de plus en plus désemparé. Toutes les pistes échouent. Il interroge tout le monde, y compris le centurion présent à la crucifixion.

« Je reconnais aujourd'hui que l'affaire Yéchoua n'est pas seulement une énigme mais un mystère. Rien de plus rassurant qu'une énigme : c'est un problème en attente provisoire de sa solution. Rien de plus angoissant qu'un mystère : c'est un problème définitivement sans solution. » Phrase-clé récurrente chez Schmitt. Pour nous également, la résurrection est incompréhensible, scientifiquement, empiriquement, physiquement. Et pourtant, Pilate se sent proche, si proche de Jésus. « Yéchoua jouait son rôle. Moi aussi. On ne voit jamais les autres tels qu'ils sont. » Ce qu'on en dit les surdétermine ou les sous-détermine. Après tout, Jésus n'est peut-être pas Jésus, fils de Dieu, mais un agitateur encombrant. Ce sont les autres qui disent qu'il serait davantage... Et Pilate n'est-il pas lui-même au centre de bien des rumeurs de ce qui se dit à Jérusalem ? Après tout, n'amplifie-t'on pas une disparition qui s'explique peut-être rationnellement ? Pourquoi pas, après tout ? « Auparavant, j'étais un Romain qui savait, maintenant je suis un Romain qui doute. » C'est peut-être cela, en fin de compte, être chrétien ? Claudia le suggérera : « Si je voulais croire, je devrais d'abord croire le témoignage des autres. Alors, dit-elle, peut-être est-ce toi le premier chrétien ? »

Pilate au milieu des rumeurs s'apparente à Jésus. Ils sont tous deux en proie au doute. Pilate est devenu la métaphore de Jésus : un homme qui interroge et qui s'interroge, ne sachant plus bien qui il est et ce qu'il en est. Mais une chose les différencie, par-delà le fait que l'un est la victime et l'autre le bourreau. Jésus est plongé dans les paraboles et les métaphores, refusant les platitudes d'un monde littéralement réduit à lui-même, alors que Pilate est l'incarnation même de cette littéralité toute romaine, pragmatique. Ce sont les deux faces complémentaires d'une historicité qui se défait. Tout est métaphorique, donc tout pose question, et tout ce qui change est pris pour argent comptant, au pied de la lettre, et c'est problématique également (le corps de Jésus n'est plus là, et c'est littéralement impossible, dit Pilate). Tous les deux incarnent ce surcroît de problématicité qui advient quand l'Histoire s'accélère, et aucun d'eux ne parvient à l'accepter : « on dit que... », disent-ils sans cesse. « Qui suis-je, après tout cela ? » se demandent-ils et, bien sûr, la réponse fait défaut. Les questions se bousculent pour Jésus, tandis que les réponses s'effondrent peu à peu dans l'esprit de Pilate. Ils finissent par se rejoindre, car l'Histoire qui s'accélère laisse rarement intactes les réponses qui deviennent problèmes et les métaphores qui se font passer pour de nouvelles solutions. Jésus a réalisé son identité, son corps n'est plus un problème, il l'a transcendé. Il a accédé au règne du Bien. Jésus se présente comme une nouvelle métaphore : celle de l'homme pour qui le corps n'est plus un problème. Cette éternité-là n'est pas de ce monde.

L'Évangile selon Pilate est le constat de cette problématisation qui s'empare des sociétés quand tout chavire, et que les réponses-certitudes viennent se ranger au côté des réponses-problèmes. La béance sur le questionnement est inéluctable. Les hommes se cramponnent alors à ce qu'ils veulent voir, croient voir, et Jésus leur apparaît divinisé. Mais cette divinisation n'est-elle pas inventée ? Toutes les opinions ne grossissent-elles pas et ne se déforment-elles pas au travers des rumeurs qui se répandent ? Jésus est assailli de questions, entre les pouvoirs qu'on lui prête et ce qu'il pense en réalité. Pilate n'est pas mieux loti. Il est plongé au cœur des bruits les plus fous et les plus incroyables. Tout s'obscurcit. Ils en rajoutent, ou est-ce la vérité ? Mais ce qu'il y a de plus troublant dans cette œuvre de Schmitt, qui nous replonge avec un rare bonheur dans un monde antique finissant, c'est encore une fois l'évocation, le rôle que joue le corps dans le mal que se font les hommes. Le corps touche le cœur de l'identité profonde des hommes. On le voit bien d'ailleurs au fil des événements : Jésus perd peu à peu ses repères, et au fur et à mesure, son identité, voire sa judéité, et son corps même, deviennent de moins en moins essentiels. Sacrifié à cause de la folie des hommes, en tout cas en réponse à leur méfiance et aux craintes politiques des uns et des autres, il reste néanmoins ce qu'il est : un être auréolé de mystère et de sagesse, qui a dépassé le problème du corps. La mort ne lui fait plus peur. En cela, ne fût-ce qu'en cela, il fait partie d'un autre ordre, d'un autre type de réalité que celui qui habite ceux qui ont l'habitude de ne répondre qu'à leurs appétits et à leurs intérêts sensibles. La mise à distance du corps permet le règne de l'esprit, donc de l'humain, par delà toute individualité, à la base toujours corporelle.

Tant qu'il réduit son enquête à la recherche méthodique d'un cadavre disparu, Pilate reste païen, un Romain qui ne connaît que la pure rationalité. Petit à petit pourtant, l'atmosphère mystérieuse qui entoure la disparition du corps ressuscité le gagne. Il accède ainsi, mais à petits pas, à la notion moderne de personne humaine. L'homme doit être autre chose qu'un corps pour le respect du corps, et le respect du corps est la condition absolue pour qu'il y ait personne humaine. Est-ce cela qu'être chrétien ? N'allons pas trop vite : il ne s'agit pas d'avoir honte ou de rejeter le corps et ses exigences, comme un clergé hypocrite le prône trop souvent en oubliant qu'il est bien souvent coupable des pires péchés, entre autres à l'égard des enfants. Il s'agit simplement de voir que le corps n'est *pas* la personne, le Soi, le Moi. Et en le découvrant, Pilate va retrouver, par l'esprit, sa victime, et par là même, l'Esprit en général.

Il a bien compris que le corps est toujours le problème auquel le Moi doit faire face, d'une façon ou d'une autre.

Le matérialisme à la vie, à la mort

Dans *Golden Joe*, Schmitt affronte le problème du matérialisme dans nos sociétés où l'argent est devenu roi. Il faut que tout soit rentable, y compris les humains. La pièce est une parodie d'Hamlet : le héros shakespearien, obsédé par l'idée de venger son père, tué par son oncle qui a épousé sa mère, s'est réincarné en un capitaine d'industrie pour qui le cours de la bourse est le souci premier. Hamlet n'a plus rien d'un chevalier au grand cœur : il fait du fric, comme on dit vulgairement. C'est une préoccupation sans doute fort répandue, et qui n'a rien de condamnable, tant qu'elle ne foule pas aux pieds le respect des humains. Et c'est bien là tout le problème.

Golden Joe est une pièce fondée sur l'inversion par rapport au texte de Shakespeare : Hamlet est devenu un personnage assez répugnant, sa mère n'a rien de vertueux, et son oncle, qui l'a épousée, est un minable sans envergure. Quant à son père, il est tout sauf à idéaliser. Que dit Joe à son oncle ? « Vous êtes un être vil. Vous n'aimez pas l'argent. Vous auriez pu vous en mettre plein les poches toute votre vie, rien qu'en faisant chanter mon père qui savait, lui, le gagner. Vous vous êtes contenté de recevoir les restes qu'il vous jetait de temps en temps aux pieds. » Car le père d'Hamlet-Golden Joe était, on s'en doute, un escroc, l'as du délit d'initié, de la fraude fiscale, des faillites bidouillées. Son oncle, Archibald, lui, est plutôt un brave type. Il veut épouser sa mère, Meg, ce qui est loin de déranger notre Hamlet de la finance, qui rassure sa mère sur sa réaction : « Archibald pèse trente-cinq pour cent des parts de la banque Danish, ce qui le rend convenable ; gros, gras et asthmatique, il devrait rapidement mourir, ce qui le rend sympathique et me garantira, à ta propre mort, soixante-dix pour cent des parts. » La banque Danish est ce qu'est devenu, chez Schmitt, le royaume du Danemark de Shakespeare, et s'il y a quelque chose de pourri chez Danish, c'est Golden Joe, le roi de l'inhumain. Sa mère n'est guère plus sympathique. Avec sa voiture, Golden Joe écrase un pauvre enfant qui a le malheur de traverser à ce moment-là. Joe se demande si sa mère aussi a du sang sur les mains (celui de son père ?) : « Oui bien sûr, j'ai tué. Plusieurs fois. Parfois sans le vouloir. Parfois volontairement. C'est la vie, tuer, c'est dans l'ordre. On tue les pauvres en étant riche, on tue les vieux en étant jeune, on pousse ses parents lentement vers la tombe. Pas de vie réussie sans cadavres. » Bref, dit-elle, « Tu ne dois pas te poser des questions, pas toi ! Tu dois continuer à avancer à l'aveugle, sans faillir, comme avant. Je t'ai élevé comme un mâle, mon fils. Ne te laisse pas débiliter par les questions. » Tout est dit : réfléchir sur le mal, c'est déjà en prendre conscience. Il ne faut pas. Les réponses, oui, les questions, non. Le spectre du Père, mort, apparaît sur l'écran des transactions : « Ne me venge pas, Joe, arrête l'enquête. Mais, dit Joe, je n'ai jamais voulu te venger ! » Ce sont les odeurs qui tuent : quand elles gagnent l'humain, il est trop tard, car c'est qu'on a changé de registre. On a accédé à une certaine forme d'humanité. Pourquoi l'odeur ? On peut se le demander ; c'est bizarre, non ? L'argent n'a pas d'odeur. Donc, tant qu'on ne sent rien, on est dans le bon. Du moins pour un businessman. Si, par contre, l'humain se répand en nous, il va sentir et faire ressentir. Pas bon tout cela, si on est businessman. Même sa fiancée, Cecily, est au diapason : le soir, elle prie « Notre père le Dollar, que votre cours soit respecté, que votre règne dure, donnez-nous aujourd'hui notre vison du jour. Et délivrez-nous des pauvres ». Tout cela pour dire que « Le bonheur exige qu'on se rende sourd et aveugle aux malheurs des autres. Les autres n'existent pas, il n'y a que nous ». Joe lui pose la question absurde, du point de vue du businessman : « Est-ce que tu m'aimerais pauvre ? » Et elle de rétorquer : « Est-ce que tu m'aimerais avec une jambe en bois ? »

Après avoir écrasé l'enfant sur la route, Joe commence donc à s'interroger. Son père, par exemple, ne serait-il pas mort à cause de sa mère ? Il l'avait découverte dans les bras d'Archibald. Il ne l'a pas supporté. Qu'allait-elle y chercher ? « Je suis née molle, informe, une flaque de vase. Je n'ai pas de consistance. Rien n'est profond ni ferme en moi. Ton père était un roc. Solide. Lourd. » Donc tout allait bien. Jusqu'au jour où Joe, devenu grand, a volé de ses propres ailes. Ça lui a fait prendre conscience de sa faiblesse. Elle l'a recherchée chez un autre. « J'ai une odeur, je pue, je suis humaine. Et mon oncle, dit Joe, il a une odeur ? » Il est humain, comme elle, mou et sans personnalité, mais humain.

Que penser de tout cela ? « Être ou ne pas être, c'est la question. Faut-il la vouloir, cette vie que l'on n'a pas voulue ? Cadeau venu d'on ne sait qui ? » Un cadeau, c'est un don. Un vrai businessman ne fait pas de don : il échange, il transactionne, il achète, il vend, il encaisse, il capitalise. Recevoir ? C'est la porte ouverte à la suspicion : on ne reçoit jamais rien. Il n'y a pas de « free lunch » disent les Anglo-Saxons. Donc, cela cache quelque chose. « Plus dure que le mur est la question du mur. » Ne peut-on arrêter toutes ces interrogations ? Le mal sans conscience, c'est l'innocence, et c'est beaucoup mieux. « Être, c'est-à-dire dominer. » Voilà la bonne réponse. « Être pour ne plus être. » Pas grand-chose, mais être bas ne pose pas problème, si c'est pour abaisser les autres, dit Joe.

Joe hésite, mais il va changer, se changer, pour finalement distribuer sa fortune, se repentant d'être sans pitié, comme il l'a été quand il a poursuivi sa route, quitte à écraser un enfant. La générosité s'empare de lui. Il « sent » les autres. « La vraie misère, c'est l'envie. » Contrairement à ce que l'on pense généralement, celle-ci ne naît pas des inégalités, mais de l'illusion qu'on peut tous être tout, et que si l'autre est plus ou a plus, c'est forcément injuste. L'envie ? C'est le médiocre qui se dédouane de l'être. La vraie misère, c'est plutôt l'illusion d'être plus pour avoir plus, c'est un droit que l'on s'arroge auquel on n'a pas droit, c'est la compétence proclamée de l'incompétent qui ne veut pas se regarder en face. Terrifiant, non, cette forme suicidaire de l'égalité mal comprise ? Heureusement, il y a l'argent pour se consoler des différences et permettre aux hommes de rechercher quelque chose de tangible dans leur existence. Car « la vraie misère, c'est la vie », et avec l'argent comme but, les hommes sont assurés de ne jamais manquer d'idéal et de motivation. Que la société est donc bien faite ! N'empêche. On perd sa vie en la gagnant : vous en doutez ? Alors quelques centaines de milliers de chômeurs suffiront à vous calmer ! L'argent-Dieu, voilà ce qui compte. Bref, « le meilleur moyen de vivre, c'est de ne pas s'en rendre compte ». Surtout pas de questions ! Le questionneur est un empêcheur de vivre en rond. Est-ce qu'un businessman s'interroge, lui ? Il a autre chose à faire, que diable ! Joe serait bien le seul qui, pris de regrets et de doutes, ferait comme Hamlet : accepter l'indétermination des choses, de la vie, se réveiller en proie au souci de faire le Bien après une longue léthargie. « Que faire ? » se demande Joe, enfin devenu aussi humain qu'Hamlet.

Les déchirements de l'amour : des *Variations énigmatiques* aux *Petits crimes conjugaux*

Les variations énigmatiques : une grande pièce, peut-être la meilleure de Schmitt à ce jour. Elle illustre le rapport d'énigmaticité qui nous lie toujours aux autres, et surtout à ceux que l'on aime, dont on ne percera jamais totalement le mystère. La différence reste une différence que n'abolira jamais l'amour le plus fort. Le titre de cette pièce est d'ailleurs lui aussi énigmatique pour la plupart d'entre nous. Il renvoie aux variations sur un thème qui reste mystérieux, implicite, voire indéchiffrable, écrites par le compositeur Elgar. Au second degré, ce morceau de musique symbolise aussi l'être qui fait question et qu'aucune réponse ne peut saturer. « Nous nous adressons des mots d'amour, mais qui sommes-nous ? À qui dis-tu : je t'aime ? » Le mystère de l'Autre est toujours une différence que l'amour veut réduire.

L'amour est une métaphore : on le vit en pensant que 2=1, mais c'est *littéralement* impossible. Alors, pour que l'illusion ne s'effondre pas, il faut que l'amour se présente comme la métaphore de cette métaphore : c'est celle-là qui rend celle-ci opérationnelle et fait que les amants ne croient pas que c'en est une. Grâce à cette double opération, les métaphores s'annulent l'une l'autre dans la conscience des amants. Ils pensent qu'une fusion entre eux est *littéralement* possible, alors que leur relation n'est, au mieux, qu'une union, voire une intersection. L'amour est peut-être la seule relation de pouvoir, puisque autrui est impliqué, qui peut être autre chose. Et quand il se termine, toutes les métaphores éclatent comme des ballons qu'on aurait piqués avec une aiguille trop acérée. Il ne reste plus alors que le pouvoir dans sa nudité, donc la lutte, et c'est pour cela que l'amour s'achève rarement sans larmes.

Variations sur ce thème, sur une femme aimée par deux hommes, disparue dans la mort, et dont il ne reste que des souvenirs. Des traces. Des questions. Elle-même est devenue question. Chacun des deux hommes qui s'affrontent se voit réponse, mais l'énigme est là, entière, comme une plaie indélébile qui les lie et les oppose. L'amour, le corps de l'amour, le corps du délit, le mal que se font les hommes et les femmes, les hommes et les hommes ; l'homme, tout simplement.

Znorko est un vieil écrivain nobélisé qui vit reclus dans une île de Scandinavie. Erik Larsen, un journaliste, vient le visiter. Malgré le rendez-vous convenu entre eux, Znorko lui tire dessus à la carabine. Vieux réflexe de misanthrope qui croit pouvoir tout se permettre. En fait, ce qui intrigue Larsen, c'est le dernier roman de Znorko, *L'amour inavoué*. Il s'agit d'un homme qui veut quitter la femme qu'il aime et qui l'aime, et n'accepte plus d'elle qu'un amour épistolaire. C'est cette correspondance qui fait l'objet du livre. Elle s'arrête subitement. La femme serait-elle morte ? En a-t-elle assez de ce petit jeu pervers ? En tout cas, il décide de publier les lettres dont il dispose ; d'où son roman. Le dernier peut-être. Le plus beau. Tout le monde le dit, mais Znorko ne se soucie guère des critiques : c'est normal, les journalistes littéraires ne comprennent que les idées qu'ils ont côtoyées dans leur jeunesse, après ils perdent pied tout en voulant faire croire le contraire. « Qu'ils louent ou qu'ils blâment, ils parlent et ne saisissent rien. » Eva est le nom de la mystérieuse femme. Znorko dit qu'elle n'existe pas : c'est, prétend-il, une pure invention de son imagination. Larsen a des doutes sur la soi-disant inexistence d'Eva. « Qu'est-ce que cela peut vous faire ? Ce qu'il y a de beau dans un mystère, c'est le secret qu'il contient, et non la vérité qu'il cache. » Znorko est l'homme de la distance : c'est cela qui lui permet de comprendre les hommes. Il vaut mieux ne pas s'immerger. C'est ce qui explique qu'il se méfie de l'amour, des adoratrices qui l'assaillent, préférant de toute façon les femmes mariées, car « l'adultère protège des sentiments ». L'accouplement plutôt que le couple, en somme. Heureuse époque ! Le vice semble plus facile que l'amour. Peut-être, comme le disait Nietzsche, que le couple a été inventé pour faire face à l'impossibilité du coït permanent ? Allez savoir ! Peu importe, finalement. Mais il ment, notre bon prix Nobel. En réalité, le livre est dédié à une femme, une certaine H. M. Znorko chasse Larsen encore une fois à coups de fusil. Larsen revient, pour suit son enquête. L'affrontement est perceptible : l'un questionne et l'autre ne veut pas répondre, mais il est quand même tenté par la confidence, celle qui masque les vérités tout en permettant de faire passer une plus ou moins bonne image de soi, une médaille bien trafiquée en somme. « C'est curieux cette manière de retenir les gens pour les accabler. Qu'est-ce que cela cache ? » demande Larsen (l'homme de l'écho, « l'effet Larsen » ?). Znorko savait-il que Larsen venait du village où H. M. (Hélène Metternach) vivait et lui envoyait des lettres ? Est-ce pour en savoir plus qu'il a retenu ce journaliste importun ? Znorko nie tout : les initiales H. M. sont celles d'un vieil ami, un éditeur, Henri Metzger. Larsen fait semblant de le croire et annonce son départ. Znorko veut le retenir. Larsen veut alors un « scoop », sinon il part, surtout qu'il n'a rien eu de Znorko qui puisse donner lieu à un article. L'écrivain cède : oui, H.M. c'est Hélène. « Méfiez-vous des femmes que vous trouvez laides, elles sont irrésistibles », lui confie Znorko. Pas question qu'une telle relation dure : la passion s'éteindrait. Donc, il faut se quitter, et l'amour résistera au temps. L'écriture en est le substitut. Larsen objecte, condamne, s'emporte. Il parle de destruction d'un être. Znorko commence à comprendre. « Vous connaissez bien Hélène Metternach ? Très bien, répond Larsen, c'est ma femme. » Alors, toutes ces lettres que Znorko a reçues après le mariage, qui les a écrites ? « Croyez-vous vraiment que nous connaissons la même femme ? Il y a deux Hélène : la vôtre et la mienne. » Ces deux hommes illustrent en réalité une variation sur le thème de l'amour, de « la belle Hélène », qui demeure aussi énigmatique que celle d'Homère. « *Les variations énigmatiques*, des variations sur une mélodie que l'on n'entend pas. Le compositeur prétend qu'il s'agit d'un air très connu. Mais jamais personne ne l'a identifié. » Bref, qui est vraiment Hélène et qui sommes-nous ? Znorko, en réalité, n'a fait que publier les lettres d'Hélène, c'était cela, son dernier roman. Il est prêt à lui concéder tous les droits d'auteur. C'est à ce moment que Larsen lui avoue qu'Hélène est morte. Il n'est pas journaliste non plus, mais professeur de musique. Larsen lui dit alors que c'est lui qui a écrit les lettres qu'avait soi-disant rédigées Hélène, depuis plus de dix ans. On est tous une imposture, un masque, non ? Mais à ce point ! Pourquoi avoir publié cette correspondance ? Znorko ne voulait rien d'autre que revoir Hélène une dernière fois, car il est très malade, et pour y arriver, il cherchait à la provoquer par son livre, supposé être celui qu'elle a écrit, qui est, en fait, celui qu'a écrit Larsen. La revoir une dernière fois. Mais il va peut-être s'en tirer. La tumeur semble se résorber. Dans cette pièce, les personnages s'inversent, l'un est l'autre, l'autre est l'un, comme dans un morceau de musique. Le questionneur devient un répondant, et vice versa. Quoi qu'il en soit, tout reste problématique : la vie, la mort, l'amour. « Nous n'aimons jamais que des fantômes et les autres demeurent des énigmes que l'on n'éclaire jamais. » On attend de l'Autre des réponses, qu'il *soit* réponse, et c'est de là que vient tout le mal qu'on se fait dans l'amour. On n'accepte pas là non plus ce qui est problématique : la distance, le vide qu'instaure la sexualité une fois assouvie, le corps repu, tout cela ouvre la voie à l'âme, donc à tout ce qui sépare les êtres. On croit les posséder, en réalité on se fait posséder. Les hommes ont inventé l'amour à cause du sexe : le corps ne donne jamais entièrement satisfaction. Mais l'accepte-t-on ? Accepte-t-on l'autre dans son irréductible différence ? Le bonheur est à ce prix, même si on sait bien que les hommes sont rarement prêts au bonheur. C'est trop difficile. Le Mal est ce qu'on inflige aux autres pour tous nos désirs inassouvis, parce qu'ils le sont, ou parce qu'on ne veut plus qu'ils le soient.

Le Mal est toujours plus facile. C'est lui que dissèque Schmitt dans *Petits crimes conjugaux*, qui fait pendant à la pièce précédente. Dans les deux cas, un être découvre le caractère irréductiblement énigmatique de l'Autre. Mais dans la première pièce, il en ressort détruit ; dans la seconde, sa lucidité lui permet d'accepter l'Autre et de reconstruire une relation avec lui, mais désormais marquée par l'indétermination et l'absence de certitude qui enferme l'Autre. « Lorsque vous voyez une femme et un homme devant le maire, demandez-vous lequel sera l'assassin. » Le mal est-il inéluctable en amour ? Chacun veut-il réduire l'Autre dans sa différence ? Gilles et Lisa se retrouvent après l'accident de Gilles qui l'a rendu amnésique. Il ne reconnaît plus Lisa. Est-elle vraiment sa femme ? Est-ce son appartement, leur appartement ? Il est devenu un inconnu pour lui-même. Une question ? Elle n'accepte pas cet état de fait : il est bien son mari, c'est tout. Il a quand même des doutes : « On m'a parlé d'un réseau de veuves qui dirigent un trafic d'amnésiques. » L'amnésie de Gilles va leur permettre d'aller au fond de leur couple, en toute innocence. Que vont-ils découvrir ? Étaient-ils jaloux ? Avaient-ils raison de l'être ? Tout semble pourtant aller dans le sens de la fidélité mutuelle. L'ennui, c'est qu'il regardait les femmes plus jeunes. « L'âge d'une femme lui apparaît à l'instant où elle découvre qu'il y a plus jeune qu'elle. » On n'arrête jamais de se poser des questions, même si on le voulait. Est-on vraiment ce que l'on paraît être ?

Très vite, Gilles rejette la version, invraisemblable, qu'on lui sert de son accident. Comment a-t-il pu se cogner à la poutre de l'escalier, hors d'atteinte même sur la pointe des pieds ? Que va apporter cette enquête ? Certes, on lui donne des réponses, mais ce ne sont pas les bonnes questions. Lui aussi a un secret : il n'est pas amnésique, il joue la comédie, il est bien tombé mais il se souvient de tout, ou de presque tout. Chacun ment à l'autre, semble-t-il. Le jour de l'accident, pourtant, il ne se souvient de rien. Les livres de Gilles ? Des romans noirs, pleins d'escrocs, de tueurs, d'ennemis. N'est-ce pas la métaphore de l'association conjugale ? « Là, l'escroquerie vire au chef d'œuvre ! Les deux ennemis vont à présent tout justifier au nom de la famille. La famille, voilà le sommet de leur esbroufe ! Puis, les assassins vieillissent, leurs enfants partent pour fonder de nouveaux couples d'assassins. » Le couple est devenu une métaphore ; son histoire, un problème. La réconciliation passera par une relittéralisation de ce qu'ils sont, chacun pour soi, chacun pour l'autre. Gilles savait que Lisa était alcoolique. À cause de lui. Elle lui dit qu'il a essayé de la tuer, parce qu'elle s'était décidée à le quitter. Elle en avait assez de ce couple qui ne lui apportait plus rien. Mais elle s'est défendue et l'a frappé. D'où « l'accident ». Gilles se dit qu'il est un salaud et qu'il doit s'en aller. Y avait-il un autre homme ? Non. Elle veut pourtant qu'il reste. Elle n'écrit pas de romans, son œuvre à elle, la seule, c'est son mariage, alors, il faut que Gilles ne parte pas. Elle a découvert ce qu'était l'amour : une pensée que dépose l'absent en l'autre mais qui lui tient compagnie au fil du temps, comme s'il était là. Une présence absente, l'inverse de Dieu peut-être, qui est une absence présente. Mais cela se ressemble. Toujours cette question, pourtant : qui, dans un mariage, va tuer l'autre ? Cela est-il si littéral que cela ? Dans les romans (ou les pièces de théâtre) sans doute. Mais il y a violence tout de même : celle de l'âge, celle de l'homme sur la femme, celle de l'esclavage de l'amour. Elle a lu le livre de Gilles, qui s'appelle... *Petits crimes conjugaux* ! Elle y a lu la déchéance de l'amour, les métaphores, les masques et, derrière, la violence, seule littéralité, seule réalité de la relation conjugale aux yeux de Gilles. Alors, elle s'est vue impliquée, concernée : est-ce que tout cela valait pour elle également ? Son mariage se limitait-il à cette plate réalité sans illusion aucune ? « Continuer, pourquoi ? Là aussi, je t'ai lu. Hommes et femmes ne restent ensemble que par ce qu'ils ont de plus bas, de plus vil et de plus laid en eux : l'intérêt, l'angoisse du changement, la crainte de vieillir, la peur de la solitude. Ils ne se tiennent la main que pour ne pas marcher seul au cimetière. » Il a tout dénudé, littéralisé, alors que l'amour est une métaphore, un 2=1, deux êtres qui, comme on dit, ne font plus qu'un. Pour ne pas devoir découvrir que ce n'est là qu'une façon de voir, on fait de cette métaphore une autre métaphore, qui transforme l'illusion en réalité. Et là, lui, il met tout à nu ! Elle n'a pu le supporter. Le jour de l'accident, les choses ne se sont pas passées non plus comme elle l'a dit. C'est elle, qui, sous l'emprise de l'alcool, a voulu le tuer, persuadée que son retard était dû à une autre femme, pour laquelle, de surcroît, il allait l'abandonner. Mais ce soir-là, il voyait simplement son éditrice, une femme sans attrait pour lui. Le temps tue les métaphores et fait naître les inquiétudes. Il faut se quitter très vite. « Non, dit-elle. Alors, répond Gilles, pour que ça dure, il faut accepter l'incertitude, avancer dans des eaux dangereuses. » Deux questions fondamentales demeureront toujours, ce sont elles les questions qui tuent : est-ce que j'ai vraiment envie de terminer ma vie avec cette femme, ou cet homme ? Est-ce que je pourrais vivre sans elle, ou sans lui ? Hormis les réponses à ces questions-là, il n'y a que des incertitudes, celles qu'*est* l'Autre, celles auxquelles nous livre par sa présence, son être, sa beauté intacte, l'attachement qu'il crée par là même. À vouloir ignorer cette problématicité de la relation à l'Autre, à vouloir la réduire à des réponses qui encadrent, qui enserrent, tout le monde est perdant. L'amour est l'acceptation – par illusion ? – d'une métaphore, où viennent s'échouer les désirs de la vie et les espoirs de rédemption pour chacun. Une demande, en somme : *Me sauveras-tu de moi-même, moi qui ne peux y parvenir tout seul, parce que je ne suis que moi ?* À vouloir dépouiller la métaphore de l'amour de ce qu'elle cache si bien, on le tue, ce que font souvent le temps et les prédateurs qui veulent faire irruption dans le couple. Ce sont peut-être eux les véritables assassins des *petits crimes conjugaux*.

Conclusion

Schmitt dit souvent qu'un grand dramaturge l'est moins par ses réponses que par ses interrogations. À cette aune, Schmitt est assurément un grand écrivain. Il nous plonge aux limites de l'explicable et de l'acceptable, il nous fait vivre le mystère du Bien et du Mal.

Regardons son œuvre telle qu'elle existe à ce jour. Elle se compose de trois grands cycles. Il y a d'abord le cycle du visible. L'homme y est confronté à l'Histoire : les réponses les plus sûres s'affaiblissent peu à peu, et les questions que ces réponses prétendaient résoudre refont surface. Le Moi s'effrite, se délite, et ce qu'il y a de plus évident et de plus stable finit par faire problème à son tour. Pourquoi avoir choisi Freud, Don Juan ou Diderot pour illustrer les incertitudes de la subjectivité à notre époque, sinon pour souligner que même des grands personnages narcissiques comme eux sont désormais en proie au doute sur ce Moi, qui était leur point de repère le plus stable ? Le cycle de l'invisible, lui, porte sur l'énigme du monde, des choses, des situations. Pour faire face, les hommes ont inventé des grands systèmes qui prétendent tout expliquer, tout justifier surtout. Ce sont les religions. Elles s'ouvrent sur des évidences qui les dépassent, comme l'est le Bien en dépit de la mort, de la maladie, de la vieillesse et du désespoir. Mais l'énigme demeure. Toutes les religions s'épuisent à vouloir la résoudre. Enfin, il y a le cycle de l'humain et de l'inhumain, où l'homme, livré à lui-même, ou plutôt aux autres, découvre le Mal. Trois cycles pour trois grandes problématiques, celles que les hommes doivent prendre à bras-le-corps depuis qu'ils sont sur Terre et vivent en société. Quelles sont-elles ? Moi, le Monde et Autrui. Nos trois cycles, donc. Schmitt se révèle ainsi le plus philosophe des écrivains, mais il est en avance sur son temps. Ce que la pensée commence à entrevoir – à savoir, la nécessité de penser le questionnement plutôt que celle de vouloir toujours obtenir des réponses qui prétendent l'abolir –, Schmitt, lui, le développe par la fiction avec une force et une pertinence rares. Toutes ses œuvres se terminent par une interrogation, comme celle qui s'empare de Freud, qui se demande qui était son visiteur, de Golden Joe, qui se demande ce qu'il fera désormais de sa vie, maintenant qu'il a renoncé à son argent, de Mamie Rose, qui doit faire face à la mort incompréhensible du petit Oscar, ou encore de Lisa, qui se demande qui est Gilles, son mari. Les grandes questions n'ont que des réponses qui aident à vivre, ou à mourir, elles ne sont jamais définitives. Car l'existence même est une question, comme l'est l'identité de chacun pour chacun. Pilate saura-t-il enfin si Jésus est ressuscité ou si on a enlevé son corps pour faire croire à sa nature divine ? Non, bien sûr. Pas plus que nous. On y croit ou on n'y croit pas. Nous en sommes tous au même point deux mille ans après. Les réponses qui défilent ne cessent de renvoyer à des nouveaux problèmes, mais aussi aux anciens, les plus traditionnels qui soient. On n'y échappe pas.

Dans le cycle de l'humain et de l'inhumain, par exemple, que voit-on ? Certes, l'Autre est le problème. Sa différence inquiète, obsède, dérange. Il faut le dominer, le posséder, l'écarter, l'acheter, et que sais-je encore. Le Mal n'est-il pas multiple ? En réalité, le cycle comporte à son tour trois parties, où l'on retrouve le Mal à l'œuvre dans le soi, dans le rapport au monde, et dans le rapport à autrui. C'est quoi le Mal, au juste ? Pour le soi, l'individu, c'est l'orgueil, celui d'un Zeus-

Peter Lama, par exemple, qui se prend pour Dieu. L'âpreté, elle, caractérise la volonté de posséder le monde, ce qu'on retrouve chez Golden Joe. Quant aux drames du désir, on les observe chez Znorko, qui a fait de l'amour une arme de destruction, comme Lisa l'a fait à sa manière. Qui n'a reconnu dans ces trois composantes ce qui caractérise le péché originel, tout à la fois péché d'orgueil, de cupidité et de soumission au désir ? Les passions qui en découlent emportent les êtres et finissent par les détruire. Volonté de puissance, éradication de la différence, instrumentalisation de la personne humaine par la maîtrise de son corps, asservissement de ses sentiments, tout y est. Oublions le péché, trop théologique à mon goût. Contentons-nous de parler de la nature humaine au pire d'elle-même. Au fond, le lien entre le cycle du visible et celui de l'humain et de l'inhumain, c'est le corps. Le Mal, c'est la personne que l'on réduit à son propre corps ou qui, à cause de malheurs ou de la maladie, se vit seulement à travers son corps. Même dans Petits crimes conjugaux, *le drame de Lisa vient du sentiment qu'elle a d'être devenue trop vieille pour retenir encore son mari. Toujours le corps. Elle croit Gilles attiré par d'autres femmes plus jeunes et plus séduisantes physiquement. Encore le corps. Le Mal, au départ, provient d'une indifférenciation : celle que l'on commet en identifiant une personne à son corps. La haine fait cela, l'indifférence aveugle aussi, tout comme l'envie, qui ne supporte pas la différence. Tuer l'autre, même un enfant, c'est le ramener à sa simple existence physique, ce qui revient à le nier comme personne, comme* Golden Joe *qui écrase un gosse un jour qu'il est trop pressé. À l'inverse, le Bien, c'est voir dans le corps qui vieillit, qui meurt, que l'on persécute, quelqu'un qui n'est pas seulement son corps, un humain en somme, irréductible et qui demeure ce qu'il est quoi qu'il arrive ; et du même coup, cela le fait vivre au-delà du corporel. Mamie Rose parvient à faire ressentir cette transcendance, cet au-delà, au jeune Oscar, comme Momo le fait avec Ibrahim, qui mourra en paix, conscient que son épicerie continuera grâce à son jeune protégé. Le Bien ne serait-il pas, finalement, ce qui permet à chacun de vivre son corps sans jamais s'y réduire, ce qui fait que l'on peut se défaire du corps que l'on est pour vivre avec le corps que l'on a ? Où trouver la possibilité d'un tel dépassement, d'un tel prolongement, sinon dans l'amour, l'amitié, et les autres en général qui nous confortent dans ce sentiment par leur générosité ? N'est-ce pas cela le miracle de la rencontre ?*

En n'offrant d'autre réponse que l'incontournable problématicité du Moi, du rapport au

Monde et aux Autres, Schmitt nous ramène aux vérités de base sur ce que doit être une vie bonne, voire une bonne vie. Il actualise ainsi des vérités de tout temps, mises à mal par notre temps. Au travers de ces problématiques, classiques, éternelles, il parvient à ouvrir la porte sur une nouvelle manière de voir qui met l'attitude inter rogative au cœur de la pensée et de l'action. À ce titre, il est le plus contemporain des auteurs du futur.

Table

Impression BCI, septembre 2004
Éditions Albin Michel
22, rue Huyghens, 75014 Paris
www.albin-michel.fr

ISBN 2-226-15166-4
N° d'édition : 22706. – N° d'impression : 043417/1.
Dépôt légal : octobre 2004.
Imprimé en France.